擊退職場討厭鬼的高情商攻略

露易絲・卡納珊 *Louise Carnachan*／著
陳慧瑜／譯

作者簡介

露易絲‧卡納珊（Louise Carnachan）

　　從事訓練人員與企業發展顧問超過四十年，協助上千領導者與員工在具挑戰性的工作人際關係上，達成人際方面的成功。她有一半的職涯是擔任他人員工，因此很清楚在保住飯碗之時，如何處理各項疑難雜症。

　　曾從事製造、教育、醫護與科學等領域，最近則於西雅圖的福瑞德‧哈金森癌症研究中心任職。作為一名顧問，她的客戶包括各種啟蒙計劃、太平洋孕育中心、巴斯蒂爾大學暨診所、普吉特海灣榮民醫院、華盛頓州許多部門、麥當勞、星巴克、華盛頓醫療中心大學與西雅圖港等等。

　　她是西雅圖禁區即興劇場的創始成員，多年來參與了台上無數困難的角色（以及無生命的物體）。

　　她也訓練了許多優秀的領導者客戶，並在其網站www.louisecarnachan上撰寫職場建議文章。她在2018年搬到俄勒岡州的波特蘭郊區，享受這個新地方提供的如鮑威爾書店、安妮布魯姆書店、沿海市鎮等，你或許還會在當地圖書館發現她在探索神秘區塊。

　　她是史克里普斯學院心理學學士，以及華盛頓大學的社工碩士。

獻給我在職場上遇到,
並從他們身上學習到許多的美好人們。
謝謝你!

序　10
使用說明書　12

Chapter **1**

自戀討厭鬼 ……………………… 21
自戀的領導者　23
小圈圈老大　32
小劇場大師與說不停的長舌鬼　41

Chapter **2**

無所不知討厭鬼 ……………… 53
無所不知萬事通　55
孤獨一匹狼　63
耐心終結者　69
管太寬的主管　75
專業糾錯師　81

Chapter **3**

無能討厭鬼 ……………………… 91
放錯位置的不適任者　95
無知、無技能又使人受苦的靈魂　104
惱人的無能主管　111

Chapter 4 失速討厭鬼 127

高鐵 129

葬禮列車 135

危險物質運輸車 142

固定配送列車 148

區間車 153

迂迴列車 159

Chapter 衝突討厭鬼 167

怨氣超人 170

聰明的仙人掌 176

煽動者 182

躲避球高手 188

妥協專家 196

Chapter 可憐討厭鬼 205

瑟瑟發抖小可憐 207

人生不公平代表 213

職場媽寶 220

牢騷隊長 225

作者簡介

Chapter

惡作劇討厭鬼 ——————————— 233

雙關爛梗王 235

笑點絕緣體 239

別當真專員:「開玩笑的啦!」 245

踩線高手 252

Chapter

一家人討厭鬼 ——————————— 259

我們都是一家人 262

窩邊草 270

職場塑膠花 278

職場宗親會 284

Chapter

干擾討厭鬼 ——————————— 293

嗅覺震撼彈(與其中的文化差異) 295

冒昧的困擾製造機 303

行走的私事直播間 306

噪音怪客 310

灌水王 313

沒禮貌的傢伙 316

大嗓門 318

Chapter 13　有毒的工作文化討厭鬼　325

地盤鬥爭　328

員工只是商品　329

只能順從無法提出異議（為了保住飯碗）　330

假如我身處在這種或類似的糟糕文化？　331

該文化是否鼓勵違法或危險行為　334

Chapter 1　行動才看得到結果　335

給自己一個優勢　336

如果你得到的回應是發脾氣？　337

你是否樂見這個人繼續變好？　338

如果你從同事那裡收到冷嘲熱諷的回應怎麼辦？　339

可以記下來嗎？　339

如果都沒效怎麼辦？　340

創造目的　341

最後……　342

額外資源　343
感謝詞　348

序

　　法國哲學家尚‧保羅‧沙特（Jean-Paul Sartre）曾說：「他人即地獄（Hell is other people）」。各位應該都同意，不管身處哪種社群，都需有包容心、耐心，即使超出容納限度，也需容忍他人。每個人對「討厭鬼」的定義其實不盡相同。有時某人踩到你的底線，卻未必對他人造成影響。然而，也有一些行為，幾乎所有人都會覺得感冒。我們都可能與討厭鬼一起工作，也可能自己就是討厭鬼。

　　我猜你會選擇這本書，也是因為有個令人火大的同事。那位天兵或許是你專屬的問題，也或許是每個人眼裡的大麻煩。但若有人偷偷留了這本書在你書桌上呢？這個嘛⋯⋯

　　如果你覺得自己愛生氣、動不動就不爽、經常向朋友與家人抱怨（他們都懶得再聽）、徹夜不眠，甚至害怕去上班，就是時候改變了。而這本書可以幫助你達成目標！

　　我們無法事先預知工作的世界會如何變化，但卻必須持續忍受各種稀奇古怪的人。煩人的同事總是可以找到方法散發存在感，不管是透過個人、電子郵件、簡訊、Zoom、Slack，還是各種隨時可用的虛擬平台等等。本書就是專門設計來提供實際方法，讓你套用

在任何環境中。

　　這本書提供你應對的選項,並跨越你所嘗試過的範圍。你會很開心地發現,原來一點小改變,就可以帶來巨大的不同。

　　做點事來改善環境,效果會比你想像的強大許多。你不用再當受害者,還能睡得好、工作愉快,甚至還可能改善與職場討厭鬼之間的關係。若你發現自己才是問題?別擔心,我們也有方法。準備好改變了嗎?很好,一起開始吧!

使用說明書

How To Use This Book

　　首先你必須先意識到，你不可能改變那個惱人的同事。那是他自己才做得到的事。你能控制的是你的想法（影響你的感覺）以及自己做的事。這也就是我們之後會專注探討的部分——如何透過改變想法、說話、行為等，來改善情況。

　　希望你在評估這些想法的時候能帶點判斷力。千萬別做肯定會讓自己被解雇的事情（除非那正是你的目的！）。但也不要隨意摒棄建議，可以將這些建議當作是一種買鞋的旅程，試穿、稍微走一下，再決定去留。

　　我非常了解你因為某人在職場上的行為而感到火大、受傷、困惑或驚嚇的感覺。在我早期的職涯中，我還曾認為那是針對個人的行為，直到多年後才發現其實並非如此。人們會有類似舉動，是因為這對他們來說有效，他們不知道如何做出不同行為，或者那其實是在現有資源下可做到的最好結果。

　　你可能曾經注意到，其他人能夠與你所認為的那位討厭鬼和平共處，同樣目擊你所見，卻不會在互動中產生跟你相同的感覺。

　　我們對周遭環境有自己的一套濾鏡。第一個濾鏡來自於出生環

境（好比種族、性別、班級、國家等）。其他重要濾鏡則來自於我們的家庭或照顧者。這些都是很早就定下來的，如果沒有被取代，這些濾鏡就可能需要來個大掃除。應付討厭鬼的其中一個重點在於，意識到自己身上發生的事（什麼踩到你的點），並決定這是否是你要的生活方式。只有你自己能改變你的想法，並以行動幫助你自己。

那我是誰呢？我是白人、嬰兒潮世代、順性別、異性戀女性。我跟許多不清楚我背景的人工作、教學、訓練過。我在名為公司的戰場上擔任教練、訓練者，以及最重要的「員工」超過四十年的時間。我畢業自臨床社工領域，並主修認知行為治療（cognitive behavioral therapy）與系統影響個人的方式。

我很早便轉向擔任教學與建議團隊合作、領導能力與溝通的治療師。也在許多產業擔任員工與顧問。我教過並訓練過數以千計在職場飽受人際關係困擾的人。我協助諮詢了飽受委屈與造成他人傷害者，以及許多經理、團隊成員等等。我也曾遇過許多來自討厭鬼的挑戰，所以知道這有多耗費心神。而我提供的內容汲取自行為方法、衝突管理原則、情緒商數理論與實踐，以及人生歷練（也就是那些在實際生活與工作中可用的東西）。

在經過數十年與職場上的同事互動與觀察之下，我累積了一份行為模式的大綱，我稱之為討厭鬼原型，或討厭鬼類型。每種討厭

鬼類型都有子類型或不同主題。

在接下來的幾章，我們將會探討：
- 自戀討厭鬼（一切都跟「我」有關！）
- 無所不知討厭鬼（我有答案！雖然根本沒人問）
- 無能討厭鬼（嗯？什麼？）
- 失速討厭鬼（各種極端行為）
- 衝突討厭鬼（大戰一場或閃人）
- 可憐討厭鬼（不同版本的受害者心理與無能為力）
- 惡作劇討厭鬼（哈哈，怎樣？）
- 一家人討厭鬼（職場人際關係）
- 干擾討厭鬼（超級煩人行為大雜燴）
- 以及最後的，當「討厭鬼」是一種有毒的工作文化（問題大於個人）

本書使用的這些名稱並非專有名詞，儘管有些詞的確具日常、法律或精神病學上的意義（好比霸凌、自戀者）。我不會提供你法律諮詢或精神病學上的診斷。這些年我訓練過的同事或客戶都會問實際方法，對於人是如何變成討厭鬼的倒是興趣缺缺。我刻意少提「為什麼」，而是將重點放在「要怎麼做」。

成癮或疾病的確可能影響那些人成為討厭鬼。但你無法解決這

些問題（實際上來說，是他們的任何問題），因此這本書的焦點會著重在你可以做到的事情。

從哪裡開始

你可以在大致掃過目錄後，選擇最符合讓你覺得困擾的討厭鬼特徵。當然，有些討厭鬼類型會重疊，好比自戀狂也可能自以為無所不知，或如同失速列車。無能的討厭鬼也可能很可憐、自戀，甚至自以為無所不知。這些組合是無止境的。

如果看了目錄之後也不太確定，可試著戴起你的偵探帽。你那個討人厭的同事做了什麼讓你處在崩潰邊緣？請盡量具體、客觀，把自己當作是一台攝影機。是因為那個人的語調？還是用詞？是肢體上的問題嗎？好比手總在你肩膀附近盤旋？或是有一些壞習慣，像經常遲到，或老是愛跟你說怎麼做，或是講一些不合時宜的笑話等等。當你比較清楚到底是什麼困擾著你之後，請再看一次目錄，或閱讀每一章的開始，以確認是否與該討厭鬼類型相符合。你可能會發現不只一種類型。

關於討厭鬼

並非所有討厭鬼類型造成的破壞程度都相同。甚至每種類型還有其範圍。有些你可能會感到同情，或認為還算和善，其他同事卻可能覺得困擾。而通常會變成討厭鬼，是因為同樣的煩人行為持

續了好一段時間的關係。我們都可能在某天或某個時刻變成麻煩人物。但最主要的是這些行為不間斷，才會真正進入所謂的害蟲名人堂。

與不喜歡的同事相比，面對你喜歡或在乎的某個人，你的理智比較不容易斷線。而對於只是偶遇，或某個不常見的人，也可能就讓它不了了之。但若是面對某個每天都要互動的同事，而他做的事總讓人抓狂，那你可能就得設法做點什麼了。至少，你會希望可以處理好自己的情緒，好讓自己冷靜下來。我的建議主要針對希望處理因某人而正在發生的、習慣性的挫折所設計，而這人是你希望／必須保持良好關係，以繼續一起工作的人士。

如果你到目前為止的辦法是跟他人抱怨，這種發洩方式其實並不足以解決問題。事實上，你可能還會因為愛發牢騷，而成為另一個人心目中的討厭鬼。用八卦來消除怒火或許能平息得了一時，但不開心會再度捲土重來，而你又會立刻變回那個不斷洩憤的毒液散發者。這樣效果不會持久，也會帶給他人負面影響。希望你能下定決心，執行一些能夠創造正面改變的策略。

假設

首先，我假設你希望繼續你的工作，並與難搞的同事打好關係（或至少變得可以容忍）。第二，我假設你願意做出合理的舉動與嘗試，來看看哪種方式最好。如果希望有所轉變，你就必須做些不

一樣的事情，而不是期盼他們有某種頓悟導致生活劇變，或搬去別的地方、找新工作。我會提供一些工具，由你來進行實驗。

我其他的假設還包括：
- 你意識到自己是唯一可改變的。
- 你會在自己的環境合理判斷哪些是可嘗試的。
- 你知道（或察覺）在自己的特定職場中，哪些資源是可用的，好比說人事部門、工會代表、申訴專員、法律部門等。
- 你會尋求改善，並讓你的討厭鬼有機會成長。

最後一點可能有點難消化。當我們跟某人在互動上很糟糕，或他們已經對我們造成傷害時，我們不一定能看到他們在行為上的改善，因為我們的濾鏡已經窄到只能搜尋他們卑劣的證據。但如果被困在「他們很糟糕」的情境之中，就無法看到那些正面改變的信號，相反的，只會陷入確認偏誤（confirmation bias），去將新的證據解析為我們既有信念的驗證。

請小心不要落入這樣的陷阱，並努力注意到他人的進步。

你是嗎？

既然我們都是人類，就容易被偏見影響。而這些傾向，好比先前提到的濾鏡等，都源自於孩童時期。請評估一下那些討厭鬼的共

通點。你有其中任何一種特徵嗎？如果那是你不喜歡的某種自我特質，算是個好兆頭。這個特質讓你想到某個家人嗎？如果它是一種容易讓你火大的「類型」，你就能看出，對方並不一定是針對你。或許是你對此較為敏感，才形成困擾。

你必須意識到，大多數人大多時間，不會在工作上與他人有重大問題。如果你總是跟他人的相處有問題，我想請你好好觀察自己。你認為的「他們對我來說是個問題」，或許其實是「我是自己的問題」。正視自己並對人際關係上的困難（職場或個人）做出改善，是十分勇敢的。而你的痛苦程度可能還比他人行為更能解釋你的情況，所以不如抓住機會更了解自己一點。請認知到，我正在鼓勵你尋求自我理解。

警告

如果你身處危險情況，好比你覺得自己或其他人被危及人身安全，或是正在應付某個超粗魯、無法預測，以及／或具威脅性的人，請注意自身安全，並即刻向你公司的人力資源部門、安全部門，與／或公家執法單位尋求協助。不要拖！

案例

我會透過案例研究來揭示重點。這些都是在我漫長職涯中認識的各色人物，所以都是有事實依據的內容，但有細節上的改寫。有

些問題則經過結合,並排除個人資訊。

最終……

我們的工作可能各自不同,但人皆有其才能與特質。如果你因為一個討厭鬼而覺得每天工作都很糟糕,希望你可以有所為而非不為。我的經驗告訴我,人是可以做點事情讓狀況變好的。我支持你!

Chapter

01

自戀討厭鬼

我們要從可以說是所有討厭鬼的權威——自戀的討厭鬼，來開啟這趟旅程，畢竟最極端的例子會為你的職涯帶來壓倒性的破壞。他們不只工作上難相處，還會讓你懷疑自己的心智。如果你正在應付這類型的人，還請節哀。

說句公道話，我們都有自戀的時刻。我也曾為自己過於自大、自以為很懂，或為該將注意力放到自己身上，而非與他人分享的時刻等感到羞愧不已。我也毫不懷疑，自己在未來的人生中仍會有其他自視甚高的瞬間。而人之所以會成為這種討厭鬼類型，在於長時間的持續行為模式，而非由大多數人偶爾都有的失誤所形成。

工作上的自戀行為有特定範圍。我們會在這章探討這類型的一些版本：

- 自戀的領導者（全部都與我有關！）
- 小圈圈老大（我們很酷，但我們討厭「他們」。）
- 小劇場大師（你叫我默默承受？）
- 說不停的長舌鬼（我告訴你，還有啊……）

自戀的領導者
The Narcissistic Leader

　　雖然我將這類型描繪得很糟糕，但其實很多自戀者與他人的關係都維持得很長久，以他們的特徵來說，這其實很令人吃驚。假如你被認為「人很好」，就容易因為自戀者吃盡苦頭。你會容忍他人認為是虐待的行為，並／或幫他們找藉口。

　　你可藉以下來辨識出自戀的領導者：
- 透過指示與操縱他人來尋求力量與控制。
- 最明顯的特徵是缺乏同理心，不懂他人感受。你可能覺得他們同理你的感覺（或同理與他們最親近的人），但那是因為他們的界線十分模糊。如果你人在核心層，你在他們心裡就是他們的一份子。
- 要求單向忠誠。他們會謹慎地在核心層散布稱讚與喜愛，以吸引追隨者。有時候追隨者可能會被一腳踢開。
- 跟你分享一些信誓旦旦說他人不知道的資訊，讓你覺得自己

很特別。之後你就會發現其實很多人都知道這些「秘密」。

• **沒什麼同情心。**如果你無法在他們希望時分擔工作（即便你才剛動大腦手術或人還在醫院），就等於讓他們失望並耽誤了他們。

• **迅速找到你的優勢與弱點，並利用這些來讓你替他們工作。**例如，如果你無法拒絕奉承他們，他們就會厚著臉皮哄騙你整理文件，而這本來應該是他們的工作。

• **無情地撒謊以達到目的。**他們甚至不會注意到那是謊話，他們說服自己是對的、值得的，或是其他人都是白痴或故意跟自己過不去。當你知道事實或真相後，就會發現這些謊言多荒謬不堪。

自戀的領導者若同時具備魅力與智慧，會十分危險。他們大多數之所以能晉升到主管職位，是因為非常善於政治（不論是公共議題還是生活政治）。既然梯子都爬這麼高了（或是轉到其他梯子去），他們就沒理由認為無法再往上爬。不用懷疑，他們都是為了自己。其他同事經常不願意相信或認知到，這些自戀者有多在乎自身利益，因為這太耗費精力了。

澄清一下，你的確需要一個有自信的領導者，但這不應該與自戀混淆。真正的領導者不會為了自己的目標而操縱他人。相反的，他們會藉著自尊形成健全的自我。他們不會輕易說謊，或相信生活中或者自身顯赫地位周遭不正確的觀點。真正的領導者會有自信地要求回饋、認知自己的缺點，並從中學習。自戀的領導者則在生活

上不知變通,不管一路上傷了多少人,也沒有打算改變。

有些人對這類討厭鬼有特別的第六感,因為成長過程中就有自戀狂(好比家人或生活中遇到的人)。有些人則可能會上當,因為我們總希望相信人性,或想找到方法去修正他們的行為。有些人則對於這樣的行為感到驚愕,導致不知如何是好而選擇忽略,而這個過程可能會不斷重複。

> STORY

自戀的領導者摩根,以及他的快樂夥伴

摩根在離開前一份高階業務經理的工作後,在公司擔任高階主管。在他上任幾週後,我參加了一場他對員工的大型演講。摩根與觀眾互動的方式讓我產生了疑慮。他在會場中穿梭,聲音哽咽、眼中含淚的講述著一個個人故事。他操縱這群人,讓他們捐出金錢,最終使自己看起來更出色。後來同事們告訴我,他們覺得公司聘用他是一個很棒的決定,他也是一個很不錯的主持人,對企業來說更是一種資產。我的內在警鈴頓時響起。

很快的,十八個月過去。摩根藉著削弱他無能(並在之後被解雇)的主管,坐到所處層級中的最高位置。摩根底下的一位經理加布來找我,告訴我他對摩根掌握部門大權感到擔憂。加布不確定自

己是思考太過負面，還是他的擔心其來有自。他引用了約瑟夫・海勒（Joseph Heller）的《第二十二條軍規（Catch-22）》：「即便你是偏執狂，也不代表不會有人跟隨你」。

加布說摩根解僱了一群良好、穩定且資深的員工，並讓一群沒那麼優秀的摩根支持者取而代之。這群人包括三個整天講八卦的行政人員，以及一位一無所知的經理。摩根表示時間有限，因此拒絕聽取幾位留下來的老員工的直接報告，而加布就是其中一員。然而，摩根卻有大把的時間與他新的心腹們共進午餐、歡度時光。

加布說，當有人開始對部門內兩個最有成就的員工造謠後，事情急轉直下，其中一個還是他的朋友。最卑劣的是摩根指示他的「快樂夥伴」去尋找「證據」，以摧毀這些人的可信度，並質疑其能力。

我在這些年看過不少糟糕行為，但摩根的做法著實惡劣。加布也被要求加入其中，但他想辦法迴避了。

他問我他對摩根的行為是不是想太多了，或許沒有他認為的那麼糟糕？我卻無法跟他保證，因為我認為他看得其實十分清楚。我建議他繼續保持「低調」，並問如果他成為下一個受害者，有沒有所謂的B計畫。

最後，加布存活了下來，但摩根沒有。遺憾的是，他之所以被解雇，並不是因為對員工做的行為，而是在自身職務之外對媒體放話，導致公司蒙羞。他被取而代之後，摩根的快樂夥伴被納入了績

效改善計畫，但他們沒有通過，也沒人對這個結果感到驚訝。

你可能會想，為什麼摩根要將真正會做事的人趕走，讓部門（以及他自己）看起來更「好看」。因為這些人太具威脅性了，比起能夠支援他的員工，他更擔心有人對高階主管的位置感興趣，他認為所有有好名聲的人，都會讓他相形見絀。摩根的計謀是：先清除那些真正有能力的人，再奉承那些無能的下屬；接著，他帶著哀傷的神情搖頭，向上司辯解說，因為員工流失太嚴重，他無法取得進展。與此同時，他卻靠著耍弄巧詐的小把戲，獲得了一筆豐厚的薪水。

如何應付自戀的領導者

我在生活與職涯中見過許多自戀狂。有些人可能「暫時」很有魅力，特別是在你還跟他們不太親近的時候。但如果他們正讓你的職場生活痛苦到不行，可嘗試以下方法：

• **離開核心層（小圈圈）**。如果你覺得被過度奉承，記得看穿它的本質。保持距離可能讓你覺得被邊緣化，人們也不會善待你。但你要知道，那些被選中的人，其實與被捅刀只有一線之隔。

• 如果你被自戀狂邀請，請找藉口避開工作外的社交場合。如果無法拒絕，也請不要太常去，並確保自己不會是最後一個留在那

的，也不要單獨前往。

- **絕對不要分享重要的個人資訊**，這可能會造成你日後的困擾。也不要一起去八卦他人。讓自己熟練在不過度深入的情況下，分享微不足道的事實或意見。友善與身處核心其實只是一線之隔。

- **不要打探這類領導者的個人資訊**。如果對方主動告知，請讓自己在最表層的內容打住，好比說「我很遺憾聽到這個消息」後，立即將主題轉回工作上。

- **如果你因為這個人而獲得晉升機會，早晚會被索取代價**。假設你因為專長或政治地位而變成一種威脅，他們就會試圖損害你的形象來將你拉下。除非你被他們無法動搖的人所保護，不然就可以開始尋求下一個不會受他們影響的職位了。

- **實際評估你與該領導者在職涯中的定位，以及該領導者改變工作的模式**。你或許能待得比這個討厭鬼更久。

- **如果這個人是被最上面的人保護與晉升，那他應該不會離開**。請對此做相應的規劃。

- **如果你被要求做有風險的工作，請他們給予書面形式的指示與期望內容**。若他們回覆了你針對工作理解書寫的信件，這應該足以成為你在必要時所需的記錄。

- **如果他們做的事情不道德或非法，請尋求檢舉管道**。你可以找人事部門或吹哨者專線。

- **考慮替代方案，並決定你想做的事，再行動**。只有你自己能

找到在不失去理智的情況下維持生計的方法。抱怨或生氣完全不會有任何幫助。即使你對這些選項不甚滿意,也請仔細檢視自己做得到的事情。或許你得離開去謀求新的機會。

自我覺察:你可能是一個自戀的領導者嗎?

如果你閱讀到這裡,或許會對自己做的一些事感到不舒服。也許你已經開始在想必須改變一些自己的信念與行為。我極度推薦你找一位顧問或治療師,幫助你找到工具,並提供協助。

請針對以下問題回答是或否。若你回答是,請看以下問題的建議。

1 ▶ 你認為自己得到了所有的好處嗎? ▶ ☐ Yes ☐ No

缺乏謙虛不只掉漆,也代表你沒意識到他人是怎麼幫助你的,以及你從環境中得到了多少。人們會知道自己被踩過或踩到。請特意公開感謝為你出過力的人。

2 ▶ 你會誇大事實,以得到需要或想要的嗎?你會告訴人們想聽的,以讓他們願意跟你合作嗎? ▶ ☐ Yes ☐ No

說謊可能在日後造成紛擾,並重創你的職涯。假使人們發現自

己被操控,可能會開始與你保持距離,並散播你的不當行為,甚至想辦法讓你遭到解雇。如果你參與不道德或不法的事件,等於是承擔了比解雇更嚴重的後果。如果你已經習慣說謊或操控他人,你最好找個顧問協助。相信你的人際關係可從中改善。

3 ▶ 你渴望掌控,並在無法掌控時感到焦慮嗎?你會在缺乏支持的情況下做出影響他人的決定嗎? ▶ ☐ Yes ☐ No

不管是職場還是非職場的人際關係,想掌控他人的心態都是個問題。如果能針對此諮商,應該會有所幫助。領導者有時的確得自己做決定,但並非所有情況皆是如此。你必須仰賴他人承接你的指示,因此他們最好能擁有一些自主權。而且他們也可能有一些好的建議,你可以詢問他人觀點,並了解他們如何改善決定。請仔細聆聽,並在可能時將那些選項納入、感謝他們的貢獻。如果你不讓他人參與其中,他人又逐漸不同意你的指示,你可能就會失去他們的支持。

4 ▶ 曾有人跟你說過你自我中心、傲慢或自大,並對他人的擔憂不感興趣嗎? ▶ ☐ Yes ☐ No

檢視你被認為自我中心的行為。這些行為很可能透露了你缺乏同理心(能以他人觀點看待事情並溝通)。如果有許多人給你這樣的回饋,我建議你找一名顧問一起檢視看看。

| **5** ▶ | 你最親近的同盟依靠你提升地位,並做任何你要求的事嗎?你會要求他必須忠誠作為回報嗎?你會針對忠誠與非忠誠者制定策略嗎? | ▶ | ☐ Yes
☐ No |

這些情況會伴隨許多問題產生,而最重要的在於,是要大家無條件跟隨你那簡略的商業實踐。如果人們害怕你的反應,你就可能離重要的資訊愈來愈遠,而這對所有人來說都有風險。政治結構促成的領導力,代表你必須持續警惕誰站在哪裡、誰值得鼓勵、誰必須接受處罰等等。假如你希望捨棄這類行為,請尋求教練或顧問協助。

| **6** ▶ | 如果人們讓你失望或醜化你,你會讓他們付出代價嗎? | ▶ | ☐ Yes
☐ No |

不能因為自己不開心就去毀了他人的事業。這只代表你情緒尚未成熟,以及缺乏處理不舒服感覺的能力。

02 小圈圈老大
The Gang Leader

　　如同自戀狂領導者，這類人的自我中心與個人魅力十分危險。即使不處於任何正式的主管位置，他們聚集追隨者的能力也不容小覷。作為「非正式的」領導者或影響者，他們可能會讓一個運作良好的團隊分裂成各個派系。請注意──並非所有非正式的領導者都是自戀狂。

　　你可以透過他們的策略來辨識其是否為小圈圈老大，包括：

　　• 公開與／或暗地裡質疑領導者權限與能力。他們難以被管理，因為他們總是知道如何做得更好。他們對其他員工撒下不滿的火種，讓這些人也質疑領導者的能力。有時他們甚至擁有足夠的資訊，讓管理者為自己的權限感到不安。

　　• 在團隊中創造小圈圈（或派系），排擠或對部門的其他人做出不良舉動。一開始或許單純只是一群人喜歡一起吃午餐或休息，之後再逐漸演變成「小圈圈內」與「小圈圈外」。如果這讓你想到

學校的自助餐廳,這就對了。

- 找出他人的弱點並在社交上操控他人,讓他們替自己做事。
- **為批評而批評,沒有其他有助改變的正面建議。**他們總是對他人該如何做有意見,而非自己如何做才能變得更好。
- **拉攏小圈圈成員。**如果沒有追隨者,他們就沒多大的影響力,並會傾向變成無所不知萬事通(請見下一章)或八卦人士。
- **跟更高位的人抱怨自己的主管。**如果對方給予批評式的回饋,他們就會去找指揮系統的更高層。
- **如同自戀的領導者,建立同盟與敵人。**他們是標準的牆頭草,會瞬間轉向能給予自己希望事物的人。
- 毫無或只帶著輕微的自責說些傷人的話。他們缺乏同理心,因此在做出過分的事情時反而享受當下的權力。

STORY

珊曼莎與她的女巫小圈圈

珊曼莎是公司的資深員工。她的病人對她評價很好,但她對她的主管艾莉來說,絕對是場噩夢,因為她對主管管理的評價總是充滿各種諷刺與批判。

珊曼莎透過有趣的說話風格來展現其個人魅力,並在員工中聚

集了許多追隨者。不久,有四到五人加入了珊曼莎,他們每天會一起在休息室共進午餐。而對話逐漸轉變為談論其他員工,像是他們不喜歡誰、覺得誰沒能力,當然還有抱怨主管。如果有他們口中的人物走進休息室,場面就會瞬間安靜。但沒有人這麼笨,大家都知道你們正在說誰。

艾莉注意到員工聚在電腦機台附近的酸言酸語。只要是談論八卦,珊曼莎就一定在場。艾莉把珊曼莎叫進辦公室,與她討論對團隊合作的期望,以及對所有員工的尊重。

珊曼莎把他人糟糕的表現拿來反擊。艾莉則將對話帶回她對珊曼莎的期望。然而,艾莉發現珊曼莎說的部門表現問題並沒有錯。

在該部門的主管職位出缺後,珊曼莎提出申請。就技術專長而言,她是最具資格的。艾莉也忽略掉自己對珊曼莎工作上情緒不夠成熟的恐懼,讓她晉升。事情自此急轉直下。

珊曼莎以鐵腕的作風領導團隊。如果有人對小圈圈外太友善,就會被排擠一段時間。她總是說自己「忙著」處理主要任務,而無暇做工作中的其他部分;她的同夥們則被期望替她完成工作。偏袒行為在排班和職責分配上非常明顯。艾莉不斷介入,糾正不公平的情況並回饋給珊曼莎,但珊曼莎卻置之不理。到這時,艾莉已經在部門內面臨嚴重的士氣問題,於是來到我辦公室求助。

當我們談話時,艾莉承認讓珊曼莎晉升是個爛到不行的主意。

她對珊曼莎與團隊成員互動的擔憂最終被證實了,她也後悔沒相信自己的直覺。我們為珊曼莎建立了一個績效改善計畫(PIP),具體指出她該如何讓自己變成一個更好的溝通者與領導者。之後我們討論如何密切觀察該計畫,以找出改善或缺乏之處。我們也通知人力資源代表,以防珊曼莎無法在有限時間內扭轉局面。如果她沒有辦法做出必要改善,下一步就是離職了。

PIP可不是什麼有趣的計畫。主管必須花大量的時間在一個員工身上,而員工也會討厭被監視。在PIP執行兩週後,艾莉發現珊曼莎正在找別的工作,因為她經常請病假,而她的個人置物櫃突然變得很乾淨。

四週後,珊曼莎就接受了其他公司的主管職,畢竟她目前的經歷已經可以在履歷添上一筆了。經過這次教訓,艾莉從現有的員工中指派了一名新的主管,而該員工有很棒的人際關係技巧及技術能力。

同事如何應付小圈圈老大

當你面對一個小圈圈老大時,不管是他們在嘗試拉攏你,還是你成為他們痛恨的對象,都可以試試以下方法:

- 就你自己看到的去應對。小圈圈老大就像霸凌者,在充滿陰

影的世界中運作,以獲得許多權力。而人們總是太過友善或膽怯,以至於說不出:「我有看到你在做的,請你停止。」在這裡改述威廉・尤瑞與羅傑・費雪所著經典《Getting to Yes》中〈What If They Use Dirty Tricks?〉段落中的話:「如果不是因為我太了解,我還以為你＿＿＿＿＿＿（可填入你看到或聽到的)」。這可套用在親身霸凌或侮辱上。

- **給予直接的回饋**。他們很具防衛性,但不代表你應該沉默,只要準備好即可。你可以應用一些容易使人接受的話語,讓對方有台階下,並巧妙避開反彈。像是「我相信你並不想……」、「我知道你會這麼做一定有原因……」、「我可能想錯了,但……」。即使他們沒有承認,也會注意到自己被抓到了。不用期待對方會道歉,或是認為道歉（如果對方有）就是改善。至少觀察他們在你週遭的行為有沒有改變。

- **遠離小圈圈**。你可以使用一些在前一篇〈自戀的領導者〉當中有關待在核心層外圍的建議,保持友善,但不要太過親密。

- **重新導回對話**。當談話轉向八卦,你可以說希望講別的,或是改變主題。你可以談談書籍、貓的影片、寵物、小孩、旅行、電影、食物、音樂、新聞等任何無關員工的事物。如果你被牽扯進八卦裡,可要求他們去掉你的名字後再重新開聊。被聊八卦準沒好事。

- **諮詢但不要去修正**。即使小圈圈老大心態改變,他們通常不會知道該如何修復自己毀壞的關係。如果你跟對方感情好,且擅長

交際，就可以給予建議，告訴他們如何改善，畢竟你較了解具體情況。

- 然而，即使他們求你，也不要試著幫他們修補關係。記住，小圈圈老大非常善於操控，而你絕對不會想參與其中。
- 跟你的主管或人力資源部門報告一再重複的霸凌或侮辱行為。

主管如何應付小圈圈老大

- **讓你所有的員工清楚了解你的期望。**你可以將團隊內的互動（而不只有技能）期望寫在大家都看得到的地方。但最重要的在於，你必須監督他們嚴守這些準則。小圈圈老大需要精細一點的審查，以確保他們遵守這些規則。若對方故態復萌，你則需要快速發覺，並堅持導正方向。否則未受約束的行為很可能變成新的日常。
- **在小圈圈老大有機會晉升時必需非常小心。**有些人可以在領導位置上發光發熱，但僅限於那些有足夠的情緒成熟度去改變自己與他人工作的方式，並展現公平待遇的人。請讓他們知道，他們必須在被列入晉升名單前就展現並維持這些技能。如果這個人有霸凌的傾向，就得在晉升時特別小心。
- **若他們的防禦機制出現裂縫**（好比他們感覺到需要證明自己的行為），請注意那可能是一個可教育的時機。當人愈想證明自己的行為，愈可能正與自己爭鬥，探討做的是否正確。或許有顆同理

心的種子正在努力萌芽。如果你跟這個人關係不錯，可幫助他們連結道德準則。

- 注意非正式的領導力可能演變為霸凌。作為主管，你有義務介入。若你看到（或收到檢舉）近似霸凌或強迫的行為，請諮詢人力資源部門，尋求建議。

- 小圈圈的形成可能源自於物理上分離的團體工作。當你管理一群不在同一地點的人時，會有一些特別的挑戰。倒也不難想像，處於衛星上的人會覺得自己與「母船」較無連結。當一部分團隊在某個中心地點工作，而其他人皆遠距工作時，類似的情形就可能發生。請小心小圈圈老大激起「他們跟我們」之類的情緒。如果你看到這樣的情形，請適時出聲，不管各自位於哪個位置，請加強整體團隊的團結（使命、準則）。

跨層級主管（老闆的老闆）如何應付小圈圈老大

當小圈圈老大接近你的時候（而且他們的確可能如此），請小心行事。所有的員工都應該擁有在無法透過自己主管找到解決方案時，可接觸跨層級主管的權限。你一定會知道公司裡有沒有小圈圈老大。仔細聆聽他們的投訴，但除了與他們的主管對話了解詳情外，請不要答應任何事情。你應該照程序走，而非略過主管。你與該直屬主管應一同制定計畫。切忌讓小圈圈老大持續在你的辦公室抱怨他們的主管，請將他們送回給直屬主管，或建議你們三人會面。

自我覺察：你可能是小圈圈老大嗎？

請針對以下問題回答是或否。若你回答是，請看以下問題的建議。

1 ▶ 你曾在有晉升機會時被忽略嗎？儘管你認為自己有足夠的技能與支持自己的員工？　▶ ☐ Yes ☐ No

請跟你的主管或人資代表談談晉升職位的資格條件。請務必詢問人際關係方面需要的技能，而非單純技術上的技巧，並要求對你表現結果的誠實評估。

2 ▶ 你經常批評管理者，並覺得自己更知道應該怎麼做嗎？　▶ ☐ Yes ☐ No

身為小圈圈老大是行使權威的一種方式，但從另一個角度來看就是愛唱反調。你可以透過自己的影響力，讓團隊與部門變得更好，展現健全的力量。在你帶來進步後，就會發現這一切是有意義的。你可以主動透過有品質的努力來協助，或詢問該如何幫助主管解決優先問題。

3 ▶ 你曾被告知（或注意到）自己是非正式的領導者，卻裝作對他人無影響力嗎？　▶ ☐ Yes ☐ No

影響力是一種值得感謝且需有效運用的天賦。比起幫助自己，

請多加思考如何才能幫助他人。你是否能指導、訓練,或以某種方式正面地影響你的環境?

| 4 | 你曾被告知自己霸凌,或因為注意到自己想要傷害某些人,而意識到自己的這些特質嗎? | ☐ Yes ☐ No |

小圈圈老大的某些層面與霸凌(或被霸凌)類似。操縱、批評或排擠他人等都是霸凌的例子。刻意激怒他人也是。你應該要考慮去跟自己傷害過的人道歉。你可以說「我對(你說過或做過的)感到很抱歉」,這樣就可以了。不需要為你的行為辯解。道歉中也不應該有「但我認為」等辯護字詞。如果你被詢問到這麼做的動機,可以用不責怪他人的方式陳述情況(好比「因為我感受到壓力」,而非「因為你讓我覺得有壓力」,後者即是責備)。假設這是你想改善與他人互動的內容,我強烈建議你尋求諮商的協助與支援。

| 5 | 你發現自己會將行為合理化,以說服自己與他人有做這些事的權利嗎? | ☐ Yes ☐ No |

如果你試圖說服自己傷害他人無妨,或是捏造故事,將自己當作其中的受害者,來感覺較為好過,代表你雖沒有詢問自己的道德準則,但它其實正堅持導正方向。這是一種力量的信號,反映出一個人的痛苦,以及不那麼自豪的瞬間,並從中學習。你希望自己未來的行為如何不同?

03 小劇場大師 與說不停的長舌鬼

The Dramatic & The Non-stop Talker

小劇場大師與說不停的長舌鬼雖是自戀類型,但除非有一些前述提到的特質,否則其實不那麼危險。我將這兩者放到自戀的討厭鬼章節中,因為一般來說他們不會在意他人,而只專注在自己身上。

小劇場大師與說不停的長舌鬼行為不盡相同,但應對方法類似,所以我先將他們併在一起。

你可透過以下特質認出小劇場大師或說不停的長舌鬼:

- 這種人經常無法安靜做自己的事。
- 他們可能覺得與他人建立連結的方式,就是談論自己,或甚至是——八卦。
- 小劇場大師需要觀眾來展現他們的情緒。他們十分戲劇化。眼淚跟憤怒爆發能夠即刻轉為毫無節制的讚美與感謝,而這些全在

他們的表演清單之中。如果是私底下崩潰，他們也一定會發文告知天下。沉默是金可不是他們的風格。

• 小劇場大師會過於敏感，而且容易因任何感知到的批評而崩潰。

• 說不停的長舌鬼有許多類型，其中一種會被焦慮或沉默刺激。在這兩種情況下，長舌鬼會刻意轉移話題，並緊張地嘰嘰喳喳說個不停。

• 其他說不停的長舌鬼（同小劇場大師）則可能忽略傳統上大家互相分享的風氣，或忽視人們對他們已經說夠多了的暗示。若在虛擬平台上，輪到他們說話時，這些行為將更加顯著，且變得更難阻斷。

• 有些說不停的長舌鬼很難說到重點，這也是他們之所以沒完沒了的原因。也或許是他們純粹不想讓他人發言。

• 兩種類型都可能會像夢想家般描繪幻想的未來，或是陷入某種快速致富願景的迷思。即使計劃不切實際，他們的那份樂觀也可能會傳染他人。

• 這兩種類型的共通點在於，他們對於你在忙、覺得無聊、焦慮或想繼續做某事的各種訊號免疫。最糟糕的還會散播八卦、憤怒、失望、受害與擔憂；好的則可能善於娛樂他人；處於兩者極端（以及中間任何一處）的人則可能吸掉你大把的工作時間。

STORY

尚德拉的受難時代

尚德拉來找我諮詢。每當她經過帕爾默的位子時,帕爾默都會叫住她。尚德拉人很好,她並不想傷害他,所以都會停下來打招呼。而既然有了觀眾,帕爾默就會開始他的獨角戲。如果這種獨角戲只有三分鐘就算了,但他卻有本事講上二十分鐘。

尚德拉為了避免經過他的位子,開始會去其他樓層上廁所。當她聽到他走來(一路上都在講話),她就會拿起電話並示意帕爾默自己會講一陣子的電話。尚德拉知道這是件小事,但帕爾默那些不間斷的故事已開始讓她害怕去上班。我教尚德拉如何光速打招呼,並帶著微笑說「嗨」。即使你在經過的時候說幾句話像「嗨帕爾默,你好啊」也無妨,重點在於「持續移動」。

如何應付小劇場大師與說不停的長舌鬼

並非所有這類型的人都是討厭鬼,有時你甚至能夠享受與他們在一起的時光!但他們無法看出他人的暗示、製造噪音與無盡的話語,都令人感到厭倦,更不用說這可能還會花費你數小時的工作時

間。若你嘗試的方法沒用,可試試以下建議:

- **降低自己的曝光率。** 如果你必須經過這些人,且他們也想抓住你時,就笑著說:「哈囉,我得走了」。或是笑著揮揮手,但直直往前衝。

- **打斷。** 打斷的秘訣並非等到能夠暫停的時機,因為你可能永遠等不到。請直接插嘴並喊他們的名字。我們大多人都會注意到自己的名字,因此你可以說:「帕爾默,我得走了。晚點見!」如果你是在虛擬平台上跟他們聊天,則可試著用文字或貼圖來舉手發言。

- **跟著既定行程走。** 如果你決定停下聊個幾分鐘,請注意自己在那裡待了多久。當你該離開時,就一定得走。視訊會議結束後,請在對方開始長篇大論前盡快關掉。

- **不要當爛好人。** 適時陳述自己的需求,並結束單方對話:「我必須回去工作了」、「我現在真的沒時間談」、「工作的截止時間快到了」。

- **不用浪費精力覺得受到傷害,因為他們不懂得給予回報。** 他們對於輪流這件事無動於衷。如果你在等他們問你覺得如何,並聆聽答案,你可能要等非常久的時間。通常他們會問你一個問題,而這個問題讓他們足以再訴說一個有關自己的故事,那是再正常不過的情況。

- 從應付小圈圈老大那裡借鏡一些建議——更換主題,然後結

束互動。

- 掌控你的工作區域。如果他們位於你的座位區域，且你希望他們離開，請試著說：「抱歉，我得繼續工作了。」之後再將眼神轉回你被打斷前在做的事情上。若這行不通，請站起來，並說你得去廁所／見大衛／開會／找吃的，帶他們離開你的區域，並繼續走你自己的。

- 請堅持界線。如果那個小劇場大師／說不停的長舌鬼總是規律地打斷會議流程，請詢問會議主持人有沒有注意到，當帕爾默開始說話時，會議會有偏離軌道的傾向。如果主持人不願意對帕爾默進行任何處置，且你有充分自信干預，請詢問是否方便中斷一下。你可以說：「帕爾默，我認為我們有點偏離主題了。」這能給主持人一個開端，讓會議回到軌道上。若在虛擬空間，則可舉手打斷，並送出訊息。相信我，如果你可以讓會議重回軌道，其他感到心煩的參與者會對你感激不盡。

- 提供回饋，告訴他們做了什麼，以及對其他人的影響。如果你跟他們之間的關係有信任基礎，則會格外有幫助。

- 設定一個時間晚點見面社交。如果你喜歡跟這個人對話，可一起喝杯咖啡或吃午餐，或是建立Zoom聊天。若為面對面，請盡量遠離工作場所，畢竟你領該處的薪水，必須具備生產力，才對得起你拿的薪資。

自我覺察：你可能是小劇場大師與說不停的長舌鬼嗎

請針對以下問題回答是或否。若你回答是，請看以下問題的建議。

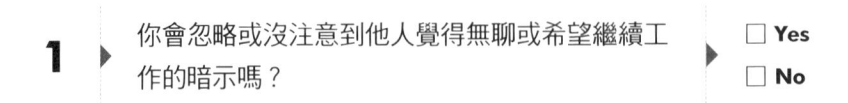

1 ▶ 你會忽略或沒注意到他人覺得無聊或希望繼續工作的暗示嗎？ ▶ ☐ Yes ☐ No

肢體語言是很好的暗示，所以請你確認看看人們的眼神，在你說話時會不會往下看或看向其他地方、是否打開嘴巴說了些什麼（但你仍喋喋不休）、是否繼續工作、是否對你退避三舍、是否正在看電腦、手機或傳訊息。這些都是你確認對方是否有話要說，或自己已差不多該收尾的時機。

要在虛擬世界中注意到他人的暗示更困難，所以你必須注意他人的臉，而非直盯著螢幕上的自己看。請注意有沒有人舉手或嘗試說話，並與每個人對話，讓他們有機會發言。

2 ▶ 你占據了對話大多數的時間嗎？ ▶ ☐ Yes ☐ No

請試著設立目標，讓自己問更多問題，並仔細聆聽。當某人的故事讓你想到自己的一則故事時，先不要打斷他人。相反的，請先耐心聆聽，或問問題以深入了解。如果你怕忘記，可先記下幾個字來提醒自己。

3 ▶ 你擔心每天浪費一堆時間社交嗎？　▶ ☐ Yes ☐ No

這表示你很可能就是這樣的人。請注意，你不只浪費自己的時間，也浪費他人的時間。你在桌上／信箱裡是否還有成堆的工作？或許你不曾這樣想過，但將工作的時間拿去做別的事，實際上算是從你雇主那偷錢。

4 ▶ 你的對話主題總是為「慘啊」，並總是抱怨工作或家裡或兩者的情況嗎？　▶ ☐ Yes ☐ No

如果你經常向他人訴說值得配上悲傷樂曲的故事，就可能愈來愈難獲得別人的同情（例如卡車拋錨、失去工作、配偶離去、小狗死了等等）。如果你發現自己聽起來總像個受害者，請見可憐討厭鬼章節的「人生不公平代表」段落，了解更多資訊。

5 ▶ 你經常覺得需要跟同事「傾吐」你心中的煩惱嗎？　▶ ☐ Yes ☐ No

你可能覺得沒什麼，但實際上這會成為你同事的一種負擔。請注意自己說了什麼話，以及是對誰說的。透過電子郵件抱怨也一樣令人生厭。當其他人加入，並傳遞該內容時，傾吐就容易變成八卦。當它以文字形式被記錄下來之後，你不會知道它的盡頭在哪。

6 ▶ 你經常打斷他人,並在接續的對話中沒有任何有關其他人或其觀點上的新知識嗎? ▶ ☐ Yes ☐ No

這代表你正在獨占這個對話。請停止不時地插話問某人問題,並保持專注。如果你傾向用自己的故事打斷他人,可以先表示自己正在處理類似問題,並要求他們若尚未說完可舉手。如果他們給出希望你等的訊號,請先在心裡排除掉你自己的故事,並聆聽他人的發言。

所謂的對話並非獨白的競爭,而是相互意見的交換。

7 ▶ 你容易在會議中脫軌或偏離主題嗎? ▶ ☐ Yes ☐ No

請尋求他人的幫助。如果你知道自己在會議時容易偏離軌道,請一個值得信任的同盟給你訊號,提醒你適時停下。若為視訊會議,則請你的同盟在你過於脫軌前私訊你。相信我,大家會感謝你專注在主題上,好讓會議能順利結束。

8 ▶ 你對沉默或任何類似衝突的事情感到不舒服,以至於驅使自己介入或說話嗎? ▶ ☐ Yes ☐ No

沉默沒有不對。事實上,許多人都需要沉默才能思考。你不需要說話來填補這些空白。請嘗試延長說話前的時間。注意到自己會

感到焦慮的時機,並在你插話前再加上一到兩秒的沉默。

假如你覺得因為有衝突而需要立即打斷,在你聽到眾人聲音提高或意見分歧時,請聆聽你內在的聲音。如果你內在的聲音是「危險!」,或許可以把它改為「我是安全的,他們正在探索彼此之間的差異」。如果這方面有困難,請考慮諮商。你可在衝突討厭鬼章節中的「妥協專家」段落中了解更多相關內容。

9 ▶ 你覺得需要娛樂他人嗎? ▶ ☐ Yes ☐ No

若不打斷他人,且不會花上太多工作時間,同時你的觀眾也感興趣,那麼娛樂就是一件很棒的事。如果你用你的幽默打斷他人,或許可以看看「惡作劇討厭鬼」章節,並限制自己奪去同事工作時間的上限。

Key Points

總結一下

應付自戀討厭鬼

　　如同前面提到的,自戀存在於某個範圍之中。這種討厭鬼類型的共通點在於,他們只顧自身利益,並缺乏自覺,或是沒察覺到自己對他人的影響。自戀的領導者與小圈圈老大最大的特質是缺乏同理心,以及充滿對控制的渴望。較低等級的自戀型如小劇場大師與說不停的長舌鬼則喜歡聽自己說話、娛樂或渴望獲得同情。他們不會像拉幫結派的人一樣危險。若身處更加危險的自戀狂身邊,還請多加保重。

應對自戀的領導者與小圈圈老大

- 理解情況並建立界線。
- 如果他們有能力傷害你,不管是政治上或情緒上都請保護好自己。
- 即使你不喜歡「不受歡迎」的感覺,也請與核心保持一定程度的距離。
- 如果覺得自己被拖進無助、絕望或痛苦之中,請從該狀態脫離出來。

應對小劇場大師與／或說不停的長舌鬼

- 如果你沒時間談話就直說，或是用繼續走不停下腳步來代替說話，也可以直接結束電話或視訊會議。
- 假設他們偏離主題，請將他們導回會議重點。
- 如果你喜歡他們，請在非工作時間享受與他們共處的時光。
- 假使你們關係不錯，請考慮給予有關他們表現的回饋。

Chapter

02

無所不知
討厭鬼

The Know-it-all Jerk

「自以為無所不知」並不是代表比辦公室裡的任何人都還要聰明，也不是指某個產品或服務的超級粉絲。能進入「無所不知討厭鬼」名人堂的人，都有本事透過以下模式讓人抓狂——打斷我們順利的工作，並教我們如何做得更好；插手想「幫忙」；提供無止盡的建議，即便根本沒人問；在負面評論中保持沉默與瞪視；需要觀眾來加強他們的優越感，或為了他們的「正確」而參與鬥爭，有時方式甚至相當狡猾。

　　多年來，我曾與許多才華橫溢的人共事，他們不是自以為是的專家。我對他們在各自領域中開創先河、引領發現的能力感到敬佩，他們提供了有助於決策的洞察，我們依賴並欣賞這些專家。然而無所不知的討厭鬼或許有其專業，但他們粗魯的行為卻降低了他們原可擁有的正面影響。

　　無所不知討厭鬼有許多類型。如同其他討厭鬼種類，其中的差異可能稍嫌模糊，也可能混和其他特質，且總是會有某種範圍。

　　在這章，我們將探討：

- **無所不知萬事通**（快坐到我的跟前，我讓你學到最好的）
- **孤獨一匹狼**（我自己來）
- **耐心終結者**（還有另一件你該做的事⋯⋯）
- **管太寬的主管**（那個「t」為什麼沒有交叉？）
- **專業糾錯師**（我對你好失望⋯⋯）

CATEGORY 04

無所不知萬事通
The Know-It-All with Guru Tendencies

　　老師與心靈導師的角色有其存在意義。最初由老師提供資訊與建議，幫助學生變得更專業，而學生也渴求老師所提供的內容。好的老師懂得如何在給予建議上進退，才能讓被指導者自由飛翔。相反的，無所不知萬事通總是喜歡分享專業，但比起免費分享（或甚至付費），他們會萃取出一種心理上的價格，讓你覺得有所虧欠。

　　這些人可能有以下特質：
- 他們把你當作他們的「事業」來支持。
- 他們希望得到回報。而他們渴望的智慧報酬從期望不斷受到擁護，到需要你提供格外關注等，都有可能。
- 他們堅持自己的優越感。有些人甚至會不時提醒你，你的知識曾經不如他，以及他是如何拯救你的。
- 他們希望獲得崇拜，並成為無盡的建議泉源，不管他人想要與否。

> STORY

坎迪斯與她的指教大師

　　坎迪斯深受年長同事桃樂絲所擾，桃樂絲總是不斷給她沒要求過的建議。還是新人時，坎迪斯需向桃樂絲學習，而桃樂絲也提供她各種幫助。一年後坎迪斯從新人階段畢業，她已充分具備專業，並獲老闆認可。然而，桃樂絲似乎沒發現坎迪斯已經不再需要她的指導。坎迪斯曾試著好好溝通，雖然感謝，但她已經不再需要協助了。桃樂絲卻認為自己被冒犯了，她覺得坎迪斯應心存感激，並渴望學習每一件她教導的事。她不斷提醒坎迪斯自己輔導她多久。坎迪斯覺得快窒息了，彷彿自己莫名成了桃樂絲領養的小孩。在團隊午餐上，桃樂絲會用高人一等的語氣跟她說話，還經常提到坎迪斯的新人時期。坎迪斯想，自己這樣算不算工作上有問題，還是其實是世代上的問題，或兩者皆是。

　　坎迪斯已經說過：「不了謝謝，我不需要幫忙」，但尚未處理其餘對方擺出高人一等姿態時，自己感受到的不尊重，我建議她可以等到下次單獨跟桃樂絲相處，並發生這種情況時說：「我想妳可能沒意識到，但妳提到我年齡的時候，好像是在說我仍無法勝任，這讓我覺得很困擾。我不確定這是不是妳想講的，但如果妳不再這麼說，我會很感激」。而既然桃樂絲這麼喜歡教人，她也可以去跟主管建議，讓她有其他機會指導教學。

一段時間後我遇到坎迪斯，並詢問狀況。她說桃樂絲對她的回饋感到驚訝，也對自己的評論聽起來有貶意感到抱歉。她覺得自己只是在開玩笑。她也同意坎迪斯，認為自己能夠從事更多指導工作，並且將會向主管提出意見。這使她們的同儕關係變得更堅固。

如何應付無所不知萬事通

• **在不責備或侮辱人的情況下，表明自身立場。**那位討厭鬼或許沒注意到自己的行為對你的影響。試著像坎迪斯一樣，給予清楚、非指責式的回饋。你可以說：「我想你可能沒注意到，在你給我建議的時候，聽起來好像覺得我很無能」，或「你可能沒這個意思，但你質疑我對時間的安排時，我覺得你好像我爸媽」。之後再說你想要的，好比「我希望我們可以是平等的同事」或「我很樂意尋求你的幫助，但只在我需要的時候」。

• **如果需要請大聲說出來。**缺乏自覺是一回事，刻意貶低你又是另一回事。如果你覺得自己被低估，而某人則因此感到優越，就是時候保護你自己了。假設你覺得情況可以改變，則可說：「如果不是我夠了解，我還以為你是在貶低我的工作成果。」至少他們清楚你注意到了。或是：「我不喜歡你貶低我的工作。」對方可能會自我防衛說：「我不是這個意思。」你不需要跟他爭論。只要說

「嗯」或「有趣」即可。如果他們問自己說了或做了什麼,則可把握機會讓他們知道,什麼事情讓你覺得被冒犯。這類對話最好私下進行。如果你跟那位討厭鬼是遠距溝通,最好可打電話或透過視訊會議討論,而非透過電子郵件。

• **保持親切,並接受道歉**。即使對方沒有道歉,也請在他們改變行為後,允許這段關係的修復。但若又故態復萌,則可能需再走一次之前的流程。

• **適當地表達感謝**。對曾幫助過你的人表示感謝是一種禮貌,但不需要過於奉承讓他們變得自大。

• **避免被誘導**。假使你覺得自己被當成無知者一樣對待,彷彿對方要故意激怒你似的,請記住,大發脾氣、爭論自己多有能力不會帶來任何不同。這不過是場局,不用跟著跳進去。你不需回應(若你的肢體語言表現出憤怒,還是屬於回應的一種),或可改變主題。看看你能不能將挑釁言語藉由「桃樂絲就是這樣」等想法來當作耳邊風。

• **跟主管討論該問題**。若你希望與該同事劃清界線但尚未成功,可以告知主管對方的持續建議讓你覺得不舒服,且如何影響了你的工作。讓他們知道你已經嘗試過的部分,並尋求建議。

• **如果這個人正是你的主管**,請參考「管太寬的主管」章節段落。

• **對世代的問題尋求額外協助**。如果你認為問題根源來自世代

差異,該主題有許多很棒的書籍、影片與文章。可試著找找看。這些資源會隨著勞動人口的年齡組成改變而固定更新(請見「額外資源」章節段落)。

自我覺察:你可能是無所不知萬事通嗎

請針對以下問題回答是或否。若你回答是,請看以下問題的建議。

1 ▶ 你的觀眾有可能對你希望分享的資訊不感興趣嗎? ▶ ☐ Yes ☐ No

有滿腦的知識願意分享是件好事,但得確定其他人是不是想要。如果你指導的人口頭或肢體語言上在告訴你不要這樣,請照做!

2 ▶ 如果你的主管要你教一位同事,你會注意到範圍界線嗎? ▶ ☐ Yes ☐ No

請跟主管確認是教某個特定工作的基礎,還是需提供更複雜的指導(好比你曾學習過的有關該工作的一切)。請確保你跟新人都清楚自己的任務。也可詢問主管是否可同時提出對你們兩人的期望。

3 ▶ 學生對你教的技能感到難以上手嗎？　　☐ Yes ☐ No

問題可能出在你的指導風格。請見無能討厭鬼章節中的「無知、無技能又使人受苦的靈魂」段落。

4 ▶ 你正強迫餵食某人你人生職涯的所有經驗嗎？　☐ Yes ☐ No

雖然你可能覺得自己沒有被要求深入掌握那些你認為對長期成功至關重要的技能，但請記住，你所知道的東西並不是在一個月，甚至五年內學會的。

新人們會在職涯過程中逐漸增加自己的智慧。請專注在他們現在所需的技能上，並詢問他們最希望從你身上學習到的東西。

5 ▶ 你能判斷讓自己門生獨當一面的時機嗎？　　☐ Yes ☐ No

預期一下你知道該時機來臨的方式，而當時機真的來臨時，讓它成為你兩人的慶祝儀式。如果你不只教導一個技能或指導工作，而是某人的心靈導師，請在關係一開始就建立時間框架，這樣你們彼此都會知道重新評估與結束的時機（好比一年制）。

6 ▶ 你會像個年長（或煩人）的親戚一樣，跟較年輕的同事說話嗎？　☐ Yes　☐ No

「我的襪子都比你老」或「你到我這個年紀就懂了」或「你還在小學的時候我就在做這個了」之類的話都很輕視與冒犯人。

7 ▶ 你不會注意到或尋求年輕同事的經驗嗎？　☐ Yes　☐ No

請找出他們的天賦，這樣你或許可自行學到新東西。如果你尊重他們，並讓他們向你尋求建議，他們會更樂於接受你的人生經驗。請讓被指導者自己決定是否希望隨時間持續這段關係。建議你甘願將自己從「導師」變為同儕。

8 ▶ 你在對待年長同事時，認為他們沒有什麼貢獻，並超級過時嗎？　☐ Yes　☐ No

你在某些領域可能擁有更高的技能與能力，但他們也可能在其他領域有更多技術與經驗。請找出他們可提供你的，並專注在此。當他們需要更多時間或協助來學習新技能（特別是科技）時，請保持耐心。

9 ▶ 你的自尊大多來自擁有追隨者嗎？ ☐ Yes ☐ No

請注意這種自我滿足的類型。受歡迎的老師容易相信所有來自崇拜學生的正面評價，並毫不費力地進入大師的地位。但好的老師應持續學習，並在所處領域中有顯著的成長。即使受學生追捧，也務必提醒自己保持謙虛。

CATEGORY 05 孤獨一匹狼
The Long Wolf Team Member

團隊裡的萬事通若拒絕與他人合作,導致工作與團隊士氣受到巨大影響,倒也不太令人驚訝。但孤獨一匹狼主要受達成目標所驅使,而他們對團隊過程缺乏耐心,導致關係產生裂痕。孤獨一匹狼也不會意識到,同團隊的成員若被惹毛,將來可能會報復,與／或拒絕跟他們一起工作。

你如何辨識孤獨一匹狼:

- 他們相信自己是單一權威,且只要目的正當,就可以不擇手段。

- 他們會對協議表示同意,然後(像在背後交叉手指般)逕自行事。

- 他們不一定都是表面看起來的樣子,且並非所有孤獨一匹狼都是一個樣。你的或許是專家,也可能不是。有時他們也只是把話說得很好聽。

- 他們不輕易分享資訊。他們會挑出希望你知道的,並把其他的保留下來。如果你是主管,就知道他們多難駕馭。
- 他們想要動作快一點,而團隊會拉垮他們的腳步。

> STORY

角色分配錯誤的馬克

某專案團隊的領導者克莉絲因為馬克的關係來找我。馬克是某個正在評估的系統的專家。他將預算用於系統安裝,但其他部門卻得承擔持續的成本與維護。

而馬克兩大失敗在於忽略他人的知識與意見,以及在渴望獨自完成工作的過程中破壞了團隊流程。他並不關心自己的決策和行動會影響到下游其他人的工作和預算——他對他們該做什麼也有自己的看法。據馬克所說,如果大家都照著他的計劃做,一切都會很順利。他用一種高高在上的語氣,談論為什麼他偏好的系統是唯一的正確選擇。他的某些特質與自戀型討厭鬼的口頭禪「我就是一切」相呼應。馬克這頭孤獨一匹狼的口頭禪則是「我的知識就是一切」。

我建議克莉絲搞清楚決策過程,並從每位團隊成員那裡獲得同意。後來克莉絲跟我回報,馬克跟其他人都同意這個決策過程。而

在數次會議後，他們的採購決策有了穩定發展。然而，馬克逐漸變得不耐煩。他想辦法規避規定，並獨自跟偏好的供應商共事，因為團隊似乎正朝這個方向前進。透過單獨行動，他擅自為團隊（以及整個組織）承諾了一份服務合約與時間表。這也難怪他的團隊成員在這之後極為氣憤，因為他們並沒有參與決策的過程。

馬克因為無視大家一致同意的規定而破壞了團隊對他的信任。他的供應商選擇並非不可行，而是因為他沒有讓其他人參與，導致團隊無法獲得所有所需的條件。這次嚴重的失誤，加上他與同事之間多次的激烈爭吵，最終導致馬克與公司達成共識，選擇離職。

如何應付孤獨一匹狼

- 請用邏輯來吸引孤獨一匹狼，並使用「認為」陳述。訴諸情感與「覺得」之類的言語不太有效。而「我認為」與「我覺得」之間是有差異的。
- 隨時做好準備。如果你的孤獨一匹狼已展露過其特質，你也知道他自己來的風險很高，請在實際發生前先跟他談談。你可說：「我相信你在心裡希望為公司帶來最大利益，但獨自工作可能會帶來損害或成本上的後果。希望你可以跟團隊一起合作」。
- 建立指南。確保他們意識到必須讓他人加入決策或行動的時

機，特別是在遠端工作的時候。假使孤獨一匹狼沒有跟大多團隊位在同地工作，要自行進到下一階段會十分容易。請特別注意以下訊息：「我開始著手這個部分是因為不想打擾團隊」。

- 要求他們以正規做法行動，特別是在他們與團隊協議相違背時。這部分最好一對一進行（不要用討人厭的電子郵件），且不要有他人在場。由於比起維繫關係，他們對達到目的更感興趣，請強調對工作帶來的負面影響，而非針對你（或團隊）個人。

- 請根據能力分配工作。如果你是這個人的主管，請意識到雖然可以減輕他們獨行俠的傾向，卻不太可能改變。你可以透過分配他們擁有最終權限的工作，來發揮他們的優勢。之後建立清楚的指南，並時常記錄下來。或是讓他們維持擔任外部顧問，而你可控制計畫的各項因素，以及他們專業知識被使用的方式。

- 管理好你的個人情緒。如果那頭孤僻的狼屢犯讓你火冒三丈，請確保你也同時在尋找他們正面的特質，像是知識、貢獻、任務支援、仔細研究等任何他們可提供的內容。必要時給予負面回饋，但不要忽略他們的貢獻。

自我覺察：你可能是孤獨一匹狼嗎？

請針對以下問題回答是或否。若你回答是，請看以下問題的建議。

1 ▶ 你低估了團隊成員的貢獻嗎？　　　　　　▶　☐ Yes
　　　　　　　　　　　　　　　　　　　　　　　☐ No

　　你可能自認是專家，但若其他人持有與你不同的意見，請聆聽並學習，而非聽了之後防衛你的觀點。他們或許有一些你忽略掉的寶貴意見。

2 ▶ 你使用了不利於團隊的手法嗎？好比自行處理而　▶　☐ Yes
　　　不通知他人？　　　　　　　　　　　　　　　　☐ No

　　一次可能還好，但之後你的同事可能就沒有那麼寬宏大量了。請找出是什麼事情讓你獨自去打仗。

　　當共同決策時，你會不會變得失去耐心？你會不會幫其他團隊成員決定，幫他們解決問題，並自行處理？請制定一個計劃，做出不同的改變，以確保你能與團隊合作，而不是與團隊並行工作。如果，例如，你意識到共同決策對你來說是一個觸發點，試著讓自己冷靜下來並參與其中——即使你認為自己獨自做決定會更快更好。

3 ▶ 你處在團隊合作為必要的工作中嗎？　　　▶　☐ Yes
　　　　　　　　　　　　　　　　　　　　　　　☐ No

　　大部分工作都得依靠團隊，也因此需要合作的技巧。人們對你的工作風格給予什麼樣的評價？不如就從這開始吧。或許你需要學

習的,是如何高效地與他人共事。我先為你檢視自己破壞團隊傾向的勇氣鼓掌。從「必須控制」改為「共享控制」並不容易,建議可尋求治療師或教練的幫助。

CATEGORY 06　耐心終結者
The Insufferable

　　這種人無法停止給他人各式各樣的建議，還融合了說不停的長舌鬼與無所不知萬事通的特質。他們會幫忙找到所有你應該擁有的產品或療法，對任何事都有意見，並相信自己就是最終來源。

　　其他你可能辨識出這類討厭鬼的方法：
- 他們知道你應該做什麼，並會纏著你分享該知識。
- 他們對你的經驗毫無興趣，因為他們相信自己比其他人都聰明。
- 他們不考慮你的狀況或資源，就直接對品質、價格與便利等做出偉大評論。
- 他們可能完全被誤導或收到錯誤資訊，卻對與其信念相悖的事實充耳不聞。他們會把你排除在外，並繼續唱獨角戲。
- 他們缺少一些關鍵技巧（好比理解他們的觀眾）。在工作上，他們有充分的機會在休息時間、會議之間、會議前、電子郵件

或走廊上,吐露自己源源不絕的建議。你絕對會想在社交環境中避開這種人。

> STORY

總是慷慨提供建議的珍妮佛

我當時參加多天會議,並在午間專題演講上被安排了座位。我們這桌八個人彼此不相識,因此就開始自我介紹,說明自己來自哪裡、公司的隸屬關係等。我當時的位子就安排在珍妮佛隔壁。

說有多幸運就有多幸運,我是該桌唯一個來自太平洋西北地區的人。珍妮佛曾去過一次西雅圖,這讓我們有開始對話的契機。不過兩分鐘就顯示出,珍妮佛似乎賦予了自己任務,她告訴我在我的那個城市裡,應該要去哪裡吃好吃的、做足部保養、找好的電影院、有折扣的購物地點,以及風景最棒的海灣等。

就在她分享完有關我故鄉的商務與設施之旅後,又繼續告訴我應該怎麼買旅遊保險,又應該透過誰付費,還有如何幫我媽媽買額外的健康保險,以及哪裡的手機方案最好等等。在她獨角戲一開始時,我還傻傻地建議她自己覺得很棒的西雅圖餐廳。她一個揮手,

我就被打發了,接著她就開始說自己的。我目光呆滯,在我把注意力轉到盤子上之前,只能呆呆地望著她,並希望地板會張開血盆大口,將囉嗦的珍妮佛或自己給吞進去。

她不需要眼神交會就能持續建議,她不斷前進,直到主講人被介紹出場,哈利路亞。

如何應付耐心終結者

• **大聲說出來。**你是否花很多時間跟這個人在一起,且還算喜歡他?若是,那就值得堅持,讓他們知道不斷告訴你該如何做會讓你多抓狂。如果是因為缺乏自覺才讓他們不斷建議,這樣做或許就能斬斷源頭。若他們希望保持良好關係,很可能會做出一番修正。

• **禮貌地拒絕他們的建議。**另一個堅定的回應如:「謝了,但我認為我們的品味／意見／觀點不同」。如果這些內容來自電子郵件,把它刪了也無妨。

• **逆來順受。**若該狀況是短期的,這樣處理會比較輕鬆。

• **將注意力放到其他地方。**幸運的是,工作時有很多對話的自然斷點,好比會議開始時、你可能需前往某些地方,或需完成某些工作。或是你可以用方便一點的藉口(「喔,道格來了。」),並

迅速走開,彷彿你一整天都等著跟對方說話似的。如果你身處視訊會議,可以查看你的手機(彷彿它在靜音模式下開始響起),並說「抱歉,我得接一下」,並離開會議。

• **保持距離**。若是可相互交流的非正式聚會(好比慶生或退休派對等),可自行離去。社交上,離開對話去與他人說話是可被接受的。如果你是被挾持的人質之一,可直接離開。若你是唯一一個被抓住的,則可透過「你的想法很有意思,珍妮佛。我要再去拿杯飲料╱食物╱跟某人打招呼」等,再離開。

• **打斷並轉移注意力**。如果你跟他人被困在桌上,可試試前一章應付說不停的長舌鬼時的建議,並打斷他們。之後再將自己的注意力放到其他地方(好比坐在你另一邊的人)。你可以隨時注意桌上其他人講的內容,並說「我很想聽聽傑夫在說的有關大猩猩的事情」之類的來打斷,並加入該對話。

• **最後**,還有永不敗的解決方案——起身去上廁所。這讓你可以在空間內自由漫步。而那正是當時我應該對珍妮佛做的。

自我覺察:你可能是耐心終結者嗎?

請針對以下問題回答是或否。若你回答是,請看以下問題的建議。

1 ▸ 你會自顧自地滔滔不絕嗎？　　　☐ Yes ☐ No

　　是什麼驅使你這樣做？如果是因為對於沉默的片刻感到不安或不舒服，可以嘗試提升自己的對話能力，像是詢問他人經驗等等。請提升你對沉默的容忍度。有些人在說話前需要先思考一番。先不要插嘴發表意見，請等待並聆聽。

2 ▸ 你時常忽略掉暗示自己說太久的訊號嗎？　　　☐ Yes ☐ No

　　人們在想要說話或插入討論時，會發出微弱卻可見的暗示。像是深呼吸、向前傾，或是彷彿準備組織文字般地閉上嘴巴。

　　而明顯的暗示則像說：「不，但是」、「就我的經驗來看」、「你有沒有想過……」等。如果你注意到自己打斷他人，請停下來說：「抱歉。你似乎想補充」。並保持安靜，勿打斷。如果你已經講了大半時間，就應該多專注在聆聽上。假設你正在視訊會議，並發現大家會越過你說話，就代表你應該停了。

3 ▸ 你成為人們會避開的社交孤島嗎？　　　☐ Yes ☐ No

　　若只不停談論自己的優越知識，勢必會往該方向走。這叫做傲慢。此時你該做的，是問更多問題、抑制自己的想法、使用少量文

字、偶爾停下，並確認你的觀眾是不是已經聽夠了。假使有人在短暫的沉默下插話並改變主題，也是個明顯例子。

4 ▶ 你時常覺得不得不給予建議嗎？　　　　▶ ☐ Yes ☐ No

　　負責他人「應該」做的事是種沉重的負擔。請放下吧。讓他們自己搞清問題，除非他們詢問你的想法。強迫性地給予建議會損害人際關係，使你失去朋友。不要期待他人感謝你，或著迷般地閱讀你認為他們應該看看而轉發的電子郵件。

5 ▶ 你有想要分享的專業知識嗎？　　　　▶ ☐ Yes ☐ No

　　請將你的發現轉往書、部落格、文章、貼文、Podcast有類似興趣的人才能找到你。或者也可以擔任對你主題感興趣的團體的專業講者。

CATEGORY 07 管太寬的主管
The Meddlesome Manager

　　進入管理職的人鮮少有足夠的準備。儘管商業上，大多數人會因先前傑出的工作表現而自然晉升。但問題在於，他們都為了不清楚如何做的工作，而離開自身了解並擅長的工作。他們被期待在些許或毫無發展管理技巧的幫助下有傑出表現。如果他們不懂新角色該做的每日功課，就會頓時縮回自己的舒適圈裡，也就是做實際上他們管理的員工該做的工作。有時，即使是經驗豐富的主管，也可能維持這種令人抓狂、搶員工工作的習慣。

　　你可以透過以下一些特質辨認出這種類型：
- 他們有超多規矩。
- 他們不清楚自己的期望為何，所以你不可能符合該期望。
- 他們只用一種方式做事──自己的方式。
- 他們很吹毛求疵。
- 他們常批評、少稱讚。

Chapter 2　The Know-it-all Jerk　無所不知討厭鬼　75

- 他們可能會不斷觀看（或鮮少觀看），接著突然猛烈批評。

一個藉由告訴你應該做什麼、如何做，來奪走你思考、行動或發揮創意的主管，容易使人心灰意冷。你也可能經常遭到批評。這就是我們說的「海鷗式管理（seagull management）」，即直接衝進來，到處拉屎之後就拍拍屁股飛走。這不禁讓人心想：「如果我做的都是錯的，那我在這裡幹嘛？」。

STORY

喬治與他的挑剔老闆蒂娜

喬治已經在職多年，而主管離開後，四個部門開始輪流遠距上班。一位同事蒂娜被晉升到主管一職，而喬治也為她感到開心。他們還是同僚時相處愉快，喬治也很依賴她的經驗豐富。

然而，在過去六個月裡，一切都變了。他不確定是不是因為遠距工作對蒂娜來說太過困難，還是她的新角色所導致，抑或兩者皆是。喬治發現自己經常難以達到蒂娜未明確說明的標準。她堅持在送出前查看大部分他與客戶的溝通，而他之前的主管從未有類似要求。蒂娜也總是能找到小地方批評。

每次修正時都顯示出，蒂娜對於喬治的能力愈來愈不信任。他希望獲得更多具挑戰性的機會也隨之而去。他們曾屬同一團隊的溫暖情誼已蕩然無存。他與其他兩位同事的唯一溝通是透過電子郵件與一週一次的視訊會議。議程由蒂娜制定，所以他們沒有太多機會互動。喬治發現自己愈來愈常生氣與感到挫折。他不只一次對蒂娜大聲說話，且開始查看求職網站。

我與喬治討論同時間牴觸的主要變化，像是離開辦公室與新主管等。蒂娜很可能還在尋找擔任主管的方法，並遠距進行管理。不過，喬治可以做一些事來幫助自己。蒂娜視為問題的東西有一定的模式嗎？如果不確定，他可以詢問並更正這些問題。他也可以詢問能不能讓視訊會議議程包含員工間解決問題與了解彼此狀況的對話時間。當蒂娜想要檢視他的日常工作時，他可以提到自己注意到她經常提出批評，那麼是否有不同於之前主管的期待？這些問題在設計上除了獲取資訊之外，也微妙地給予蒂娜（可能沒注意到的）關於她在做的事情的回饋，以及她對喬治造成的影響。

如何應付管太寬的主管

當你被命令該如何做事，或被近距離監督時，某種程度上會

帶出我們大多數人內在的青少年時期，也使我們想以強硬的方式回應。然而，如果你直接表現出來，將事情導回正途的機會就更加式微。請維持成人處理事情的風格，並嘗試以下方法：

• **詢問他們修正的部分是否與物質或風格有關**。如果是風格，那麼可問你不能用自身風格處理的原因。

• **詢問他們你有權自己做決定的事是哪些，而哪些必須在規定之下完成**，或一定需要他們的認可。

• **詢問你那焦慮、似乎不太信任你的主管，該怎麼做才能說服他們你能勝任這份工作**。

• **如果你還不清楚，可詢問自己的工作產品之後的動向**。你的主管可能因此感到緊張，因為你的東西會送到更上一等級的主管。對蒂娜這樣的新主管而言，聽起來像是恐嚇。若情況如此，請詢問你的主管需要多少時間確認品質，才夠將東西送到產品鏈上。

• **反映出你過去的工作經驗，以及你身為員工的最佳表現**。跟你的主管分享這個部分，這並非要求，而是你認為他們可能感興趣的內容，畢竟他們關心團隊以及整個部門。看看你能不能在感到困擾的領域中找到平衡點。

• **考慮公司其他職缺**。如果你深受干預卻又喜歡這份工作，可試著在公司找其他職缺，並等到該主管成熟或離開。你可以在狀況轉好一點之後回到該部門。

• **找其他工作**。假設你真的無法忍受，最好直接走人，而不是

因為自己的主管缺乏能力或不夠通情打理，而用憤怒製造僵局、自斷後路。你不知道未來會發生什麼事，而且你或許還需要這個人的推薦信。也可能風水輪流轉，到後來你可能會變成這個人的主管也說不定。

自我覺察：你可能是管太寬的主管嗎？

請針對以下問題回答是或否。若你回答是，請看以下問題的建議。

1 ▶ 這是你第一份管理職嗎？ ☐ Yes ☐ No

這是你實際上可能會管太寬的危險訊號，因為你很容易就去做一些之前擅長的工作。你在管理角色的工作不同，且需要新的技能。請跟你的主管（或同級主管）談談自己的新角色代表的意涵，以及適合的訓練內容。

2 ▶ 若你團隊中有人工作做不好，你會替他們做嗎？ ☐ Yes ☐ No

雖然這很難忍住，卻是管太寬的特徵之一。最好用教的，並訓練你的員工，讓他們變得更專業。如果你需要建議，可參考無能的

討厭鬼章節中「無知、無技能又使人受苦的靈魂」段落。

3 ▸ 你只會點出錯誤的地方嗎？　　　▸ ☐ Yes
　　　　　　　　　　　　　　　　　　　☐ No

　　請找出人們做得好的地方並給予稱讚，且要誇到細節。人們喜歡聽「溫暖」的話語，而非「冷言冷語」。好比「喬治，我非常喜歡你應付那通抱怨電話的方式。當客戶感謝你美好的服務時，我知道你已經獲得她對我們公司的忠誠」。

CATEGORY 08 專業糾錯師
The Gotcha

　　有些人會期望不存在的「完美」。當你是那個無法達到完美的人時，就只能瞬間陷入窘境。你可能會覺得驚訝、受傷，並想剛剛是怎麼一回事。對方的文字或許合理，語調上卻像家長般失望。

　　還有其他特徵顯示你遇到的是此類型：
- 有些人可能語氣溫和或具風度，有些人則可能具攻擊性。但不管哪一種，結論都一樣，即問題出在你或環境身上，絕非他們。
- 他們有控制狂與完美主義者的傾向。我確定連他們都無法達到自己的期望。
- 他們會評估事情不夠精準，並拖垮任何慶祝或活動。「如果音樂沒那麼大聲的話……」、「如果他們沒放那麼多起司在上面……」。

　　問題在於他們說的是實話（或是正中弱點），讓你感覺不好

受,或質疑自己的能力。很自然地,他們在這齣戲裡的角色從未被說明。

> STORY

合理但惡毒的拉寇兒

我回覆了茉莉的電話,她詢問我是否能到她辦公室,立即加入她與她主管丹的討論。我迅速前往兩人的所在地,並檢視剛剛才發生的事件。看起來,似乎是茉莉的同級主管拉寇兒與她的員工涉嫌對茉莉造謠。拉寇兒藉著破壞茉莉的名譽,希望主管將兩個部門都交給她。

拉寇兒表面上看起來十分理性且合理,所以她的員工大多相信她。如果不是因為茉莉的部門跟拉寇兒的部門尚需緊密合作,茉莉也不會注意到該情形。但他們位在同一個工作區域,員工會彼此混和在一起,謠言也不脛而走。當丹得知這場具破壞性的事態後,他與拉寇兒對質。

丹是經驗豐富的經理。他知道如何針對自己想要的以及結果進行溝通。但他也十分忙碌,因此即使他想,也難以了解所有情況。而拉寇兒的案子正是其中一件。

一個月前,丹檢視過拉寇兒的表現,並在她的同儕人際關係上

評分道：「有進步空間」。丹注意到拉寇兒愛批評茉莉與其員工的成功、搶占功勞。他曾分配一個專案給拉寇兒與茉莉一起做。當丹詢問茉莉他們的進度如何時，結果顯示為零，因為拉寇兒一直取消會議。

他們打給我之前，正在開每週的管理團隊會議。丹對停滯的專案提出質疑。拉寇兒大發脾氣地表示，自己深受丹持續不適當的管理所害，並被茉莉與其團隊的謠言所擾（針對她一直以來所做的事情的觀感）。之後她繼續大罵在丹的領導之下，工作條件如何急轉直下。拉寇兒說，因為情緒上受到脅迫，她必須早退。

她衝出辦公室，獨留丹跟茉莉在原地驚愕不已。

他們兩人都質疑自己到底做錯什麼，自己是不是沒意識到應知的事情，他們是不是很糟糕的領導者？而我唯一的評價就是：「哇，她真厲害，看看她讓你們做了什麼！」。他們都笑了。然後我們評估了哪些是需要注意的反應，哪些則是為了轉移注意力而製造的風暴。

我推測拉寇兒的暴怒攻擊是一種從小就磨練出來的技能。她的爆發達到了理想的效果，也就是將對她的批判性關注移轉到他們自身。丹決定對拉寇兒祭出紀律處分，並需在一個月內達到嚴格標準的成果。他認為這可能在最終使拉寇兒順從，或讓她在無法（或不願）符合期待下離職。而拉寇兒似乎還有張藏在口袋內的王牌，因為下個星期一，她就宣布自己會離去接任一個新職位。

如何應付專業糾錯師

- **如果不常發生，就讓它去吧**。專業糾錯師最難搞的一面就在於嚇人。在你處於驚嚇的狀態時，幾乎無法回應。若是偶發性的狀況，就接受它，並繼續你的生活。若經常發生，則記得練習如何回應。

- **如果他們的非難是有模式的，可先準備好回應**。例如：「我注意到你會在會議最後提出一些想做卻不可能實現的事項」。

- **詢問他們的意圖**。如果你不確定他們想說什麼，但又覺得自己遭受攻擊，可說：「你是想要批評我嗎？」，如果答案為否，可說：「我不太確定你的意思。你可以說清楚一點嗎？」若答案為是，則代表他們的確是在批評，接著你可以說：「你可以針對認為我沒做到的部分具體說明嗎？」，之後再決定這個批評公不公平。

- **有時語調的問題大於內容本身**。假設文字感覺合理，但行為有點羞辱人，你可說：「我不太確定你有沒有注意到，但你的用字對我來說有（居高臨下／像家長／品頭論足／訓斥等的感覺）。這讓我難以聆聽你在說／問我的內容」。最好在一對一的情況下進行，而非在團體面前說。

- **請注意自己八卦這個人的傾向**。如果你深受專業糾錯師所害，理所當然會想向同事傾訴。最好跟相關的人討論你的擔憂，而非傳播負面的言語。

自我覺察：你可能是專業糾錯師嗎？

請針對以下問題回答是或否。若你回答是，請看以下問題的建議。

1 ▸ 你在小時候就學會對人品頭論足嗎？或其實你的父母之一就是專業糾錯師？　　▸ ☐ Yes ☐ No

若是如此，你可能不會注意到自己的狀況，因為這對你來說稀鬆平常。你可以從大家回應你的方式（受傷或不高興），去發現有沒有問題，是否符合你的高期待的頻率。

2 ▸ 你曾因為語氣問題而使員工檢舉你，或讓同事離職嗎？　　▸ ☐ Yes ☐ No

如果你對人失望，且對他們使用羞辱的語氣，也不用太驚訝他們會離職，或找其他可以遠離你的工作。你應該找個教練幫助修正自己的語氣。

3 ▸ 你對大多數情況感到失望，或覺得有必要提起嗎？　　▸ ☐ Yes ☐ No

請了解何謂掃興，特別是當其他人努力創造愉快經驗的時候。即使你認為有所缺失，也應該牢牢閉上嘴巴。

4 ▶ 你時常太晚才說出自己的擔憂嗎？　　☐ Yes ☐ No

請在還可以解決時提出問題，而非在會議結束前或飛機起飛前幾分鐘才告知。如果你要提出擔憂，請具體一點，並尋求他人的觀點。讓他們也加入建立解決方案的行列。

5 ▶ 你在不斷的失望中有所收穫嗎？　　☐ Yes ☐ No

可能是因為你總看到錯誤的地方，這讓你獲得注意、讓人覺得你有洞察力或更具知識，或比他人都更有能力。請參考這章的「無所不知萬事通」段落。

6 ▶ 你覺得自己是唯一做對事情的人嗎？　　☐ Yes ☐ No

如果是，是時候質疑你自己的判斷力了（並參考自戀討厭鬼章節）。請找到他人的傑出表現，而非你認為低於標準的東西。你做事的風格只有單一形式，但其實有許多方法可以達到相同結果。

Key Points

總結一下

應付無所不知討厭鬼

有一個方法可以解決你的焦慮,就是管理自己對他們惱人行為的反應。這裡有一些建議:

- **選擇性聆聽。**他們如雪片般飛來的建議,只要聽幾個有用的就好,其他可忽略掉。

- **如果你快爆炸的話,請將自己抽離該狀況。**

- **問自己為什麼要讓別人決定你的心情。**如果你漸漸因為一位同事而感到不高興,請改變你的思維。與其被不禮貌的評論激怒,不如把它當作是深呼吸的訊號,並提醒自己跟這個人沒血緣關係／結婚／住在一起是何等幸運。

- **從哲學出發。**比起在內心吶喊(「我受夠了!」),不如改變一下你的用字(「拉吉又在正常發揮了」)。之後就把它拋到腦後。相信你可以靠這招避免高血壓。

- **把注意力放到該放的地方。**如果你發現自己在思考這個人有多爛,請停下來,並有意識地選擇思考其他事物。憤怒會產生能量,因此我們經常不願直接放掉。但缺點在於,這些重複的思考會在心裡創造一種我稱作「神經慣性陷阱」的東西,持續餵養你不開

心的心情。請預先決定自己取而代之思考的內容，或是你用來轉移注意力的事物。如果你發現自己思考灰暗，請啟動該計劃。我自己在類似糟糕的思考瞬間，會在該環境中尋找紅色。任何東西都可拿來轉移注意力，重點在於打破自己的思考模式。

- **找到這個人的正面之處，並專注在這上面。**你的萬事通討厭鬼可能是個專家，那你可以從他們身上學到什麼？我之前對付一個討厭鬼的方法，是讓自己每天都從她具備的知識中找到值得景仰的地方。由於先前太過注意負面的部分，導致我甚至被自己說服，認為她連呼吸的方法都不懂。而我為了維持彼此的工作關係而改變注意的面向後，也改變了自己的行為。我變得不那麼負面，自然也不那麼痛苦了（在她旁邊也沒那麼辛苦了！）。

- **如果彼此關係算好，可找機會給予直接回饋。**「尚德拉，你給我的這一籮筐建議讓我覺得心煩。我很喜歡妳，但這挺妨礙人的。」如果尚德拉也同意，她就會改善，也會樂意在自己忽略時從你這邊接收訊號。改變習慣很難，過渡期多少會有些疏忽，請保持耐心。

- **告知你的主管。**你曾經被分配到一個萬事通來教你嗎？如果你覺得不需要這個人的幫忙，可詢問主管覺得自己的工作哪些地方需要指導。如果這類協助完全沒必要，或許你可讓主管同意「終止這種令人不快的過程」。

- **持續關注你團隊的需要。**如果你是主管，且正在處理孤獨一

匹狼,如果他自行消失,請保持警覺,不要讓團隊的努力被白白破壞。

• **確定你的選擇**。如果你無法將目前難以忍受的感覺,轉變為稍微不那麼不那麼惱人的情緒(或最好是中性狀態),這對你／你的健康／你的人際關係會有什麼潛在後果?如果什麼(最重要的你)都沒變,自己在這個部門或企業中最可能的未來為何?請根據此採取行動吧。

Chapter 03

無能討厭鬼

The Incompetent Jerk

你對同事糟糕工作表現的容忍度,取決於你的個性。如果你是親切派的,或許會協助這個人,在做的時候也不會覺得生氣,除非花太久時間。但若你跟我類似,那麼在跟不是很知道自己在幹嘛的人一起工作時,很可能會氣急攻心。

或許會有兩件事情逼得你不得不採取行動:
• 擔心影響客戶身體或心理上的安全。
• 他們持續缺乏能力的行為可能造成的傷害。

你必須記得,你認為的表現不佳與主管想的可能不一樣。在缺乏清晰與可測量的標準之下,無能會有各自的定義。

最好可以針對自己將某人貼上無能標籤的動機進行自我評估。或許你是想要他們離開。

也或許你希望獲得優越感。是因為工作表現上的問題,還是你只是不喜歡這個人,導致你容易視他們為無能者?

假設你的同事真的工作表現不佳,可能是因為各種原因而起:
• 他們不適合該職位。
• 他們沒有在一開始接受良好的訓練。
• 工作變得太複雜,他們跟不上(或不想跟上)。
• 他們沒有被給予明確的(或是令人困惑的)績效期望,也幾

乎沒有或完全沒有回饋。

- 他們在情緒上不成熟，以及／或無法處理壓力。
- 他們處於「彼得原理（Peter Principle）」（被晉升到超出自身能力的職位）。

問題同事會不會意識到自己無能，結果各不相同。這裡有一些可能性：

- 他們處在無法理解的狀態中，所以會保持低調，且希望老闆不會發現，並盡可能維持自尊。
- 他們對自己的期望非常低，因此並不渴望做得更好。
- 他們毫無觀點。即使明顯不如他們所想，仍認為自己做得很棒。
- 他們完全沒意識到自己應該要表現得再高一個層次。
- 他們可能實際上有做到所需的最低程度，但你的標準更高，且（就結果來說）你發現他們績效不足。
- 他們似乎不介意自己工作做不好，並反而想操縱系統。

我們將在這章探討以下無能的討厭鬼，以及你可以（與不可以）做什麼以應付他們：

- 放錯位置的不適任者（找錯工作）

- 無知、無技能又使人受苦的靈魂（沒人給回饋或幫助）
- 惱人的無能主管：用三招毀了主管一職，分別是難管理（反正我就照自己的方式來）、爆發（蹦！）與不合格或不在乎（因某種無法解釋的原因而無效果）。

CATEGORY 09 放錯位置的不適任者
The Square Pig in a Round Hole Incempetent

　　如果我們在選拔人才時所付出的關注不足，是很令人羞愧的。你會只根據網路上的個人檔案，就要對方跟你結婚嗎？好吧，有些人可能會……但總之，通常我們跟同事相處的時間甚至多過於與家人相處的時光。負責招聘的人會看履歷，並期望履歷能呈現完整的故事。也有些人認為，只要具備某方面的高級學位即可。他們可能會透過Skype面試三十分鐘，只要應徵者不是太糟糕，就會錄取。這對我們來說可是壞消息！

　　如果你曾經是雇用到爛人的主管（我就是，真是十分懊惱），你應該知道這對大家來說有多痛苦。我大多數關於不適任討厭鬼的建議，都是針對主管所設計。不過，若你身旁就有找錯工作的人，以下內容或許可幫助你了解狀況，以及可做的事情。

　　你可透過以下跡象辨識不適任討厭鬼：

- 因在面試階段沒有充分檢視必要技能，而表現出不大明顯的

績效不足。

- 對於做的事情感到自我膨脹，甚至連犯錯時也是如此。
- 藉由改做比較不重要的事情（像清理休息區），來將你的注意力從他們的無能上移開，以避開該工作所需的責任。
- 談論他們在前一個職位多成功的同時拒絕該工作，彷彿這可以補足他們近期表現的缺失似的。
- 培訓會花上大量時間，且他們的表現從來無法讓人滿意。甚至連基礎的工作也需要持續指導。

STORY

幸運的露辛達

　　格里是一個跨層級主管，他來找我討論露辛達的事情。露辛達被錄取為該部門入門級的職位，而格里也曾就該職位成功在這幾年找到對的人。先前該職位的人都已在兩到四年內晉升到責任更重大的職位。

　　露辛達看起來藉由之前的工作擁有所有必備的行政經驗，像客服、辦公室安排與記帳等。她在面試時展現出良好的社交技巧，也因此，格里認為她會與團隊及客戶相處愉快。但他錯了。九個月後，露辛達仍時常在工作上出錯，且惹怒了不少常客。她無法記住

多數重要客戶的基本偏好。大家都跟格里抱怨,不想再跟露辛達一起工作了。

我問格里大部分的人需花多少時間熟練這份工作,答案是六個月。他覺得很困惑,並重新檢視她的訓練。他讓之前擔任過該職位的其他同事與她檢視幾項特定工作。並與她一週檢討兩次。

格里認為額外的協助會有幫助,但露辛達的想法卻不同,她覺得自己被騷擾了。她對被指導感到越來越不滿,並將自己的錯誤歸咎於主管。她說自己沒有得到足夠的培訓和關注,然而傑瑞卻正好展現了完全相反的態度。

實習進入第八個月後,露辛達犯下一個非常重大的錯誤,而且還是兩次。不太確定她是無法做,還是不願做這份工作。她表示因為這個狀況讓她壓力太大,所以打算開始諮商。現在她一週內早退兩天,以安排治療。

格里曾認為自己是一個懂得用人的好主管,但如今他的自我意象卻受到挑戰,此外,他也從未解雇過任何人。他想確保自己已為幫助露辛達成功盡了全力。他告訴我,她最近暗示希望能在就職一年後晉升。

人人都會在雇用上做出錯誤決定,即使是跨層級的主管也一樣。我問格里什麼時候才發現露辛達不像其他新人一樣能跟上,他說在頭六週結束時。他不斷心想,是不是再撐一下,露辛達就

會「懂了」。同時，其他人則必須把未完成的工作拿去做，並修正露辛達做過的內容。我之後再見到格里時，他正在做她三分之一的工作，而她也同意。我向他保證，他已經提供充分的機會訓練與指導。不得不承認，他找錯對象來做這份工作了。露辛達需要一個能迅速並且完全轉變她工作表現的績效改善計畫（PIP），否則就得去別的地方找更適合的工作機會。

結果當他們提出 PIP 之後，露辛達明確表示沒有興趣做出改變以留住這份工作。她開始尋找其他工作，以在自己真的被解雇前保留顏面，但她在走出門前仍不斷抱怨格里（給任何可能會聽到的人）。

主管如何應付放錯位置的不適任者

• 請不要雇用他們！如果你是帶他們進來的主管，那你等於是問題之一。在面試應徵者前，請釐清該工作最重要的技能與特性。請學習如何執行以行為學為基礎的面試。這涉及詢問應徵者過去的特定情況，以展示你尋求的技能（請見額外資源段落）。比起直接雇用在該領域表現傑出的人，訓練一個沒什麼能力的人學會特定技能其實更加困難。若你成為主管後也接手了這種人，請在這章的「無知、無技能又使人受苦的靈魂」段落中尋求協助。

• 請具體指出對他們的工作表現有哪些期望，並設定一個時間

框架，讓他們知道什麼時候應該充分表現、盡好義務，並提供員工訓練。訓練計畫應包含到達熟練的目標日期。如果他們無法符合你設定的標準，雙方都會知道是時候該做出改變。

• **提供適當的員工訓練。** 誰要訓練這個人？他們對教學有沒有興趣，以及有沒有能力教學？或是這其實是他們常規工作以外的附加內容？若這是附加的工作，而且會拖到他們原本的工作，教育期間可能會被迫縮短，而且他們對於新人會備感挫折。訓練他人者應該要能享受引導新人，並具備指導技巧。請意識到訓練一個新人需要多少時間，並依此修正他們其他的工作量。

• **調整指導方式。** 並非所有人都會用同樣的方式學習。如果你的新員工沒有跟上，指導者（或你）可能需要改變方法。

• **分配一個「幫手」給新人。** 說要執行訓練的主管通常都沒時間。他們也通常沒辦法回答新人的問題。請確保你分配了「小幫手」，以幫助解決時間上較為敏感的問題，並協助解釋新人通常比較不好意思詢問老闆的細節。

• **監督過程。** 較複雜的職位可能需要一到兩（或更多）年來提高熟練度。若是如此，請建立三個月、六個月、九個月、一年與之上的標準。假如員工落後，就必須在開始的三個月（或更早）修正課程。

• **溝通需直接了當。** 最好可以直接對話，而不是讓表現欠佳的員工獨自面對，並期待他們會「開竅」。請詢問他們狀況，以及對

自己進展的感覺、是否重新思考該工作內容等。你曾經做過覺得自己真的沒有能力的工作嗎？我曾有過，而且情況非常糟糕。我還在讀大學時，PDP-10算是十分先進的電腦，而我的工作是多學院電腦系統的午休時間輪班操作員。在完成第一次交班後，我已經知道自己無法勝任。於是我感到焦慮，每次上班都覺得害怕。那位無能的討厭鬼或許也覺得自己很差勁，你可以釋出善意，反覆告知對於他們工作表現的期待。希望他們已經了解到該職位不適合自己（就像我一樣），並離開尋求更美好的未來。若某人決定要找更適合的職位，其實已經比經歷離開公司的過程要簡單多了。

- **請注意你的選擇。**你的企業可能會有也可能不會有試用期。請詢問你的人力資源部門。同時，你是否必須「基於正當理由解雇」，每個地方的法律也不盡相同。這部分也請諮詢人力資源部門。

- **工會合約有具體指出紀律處分與解雇發生時的流程。**

- **請考慮轉部門（在特定情況下）。**假如這個人有展現出適合其他部門的技能，你或許能促成一門工作上的配對。當然，這是在假設他們都算是好員工的情況下（譬如，我不會推薦露辛達到其他部門，因為她的判斷力太差了。這麼做的話，只是讓麻煩到其他地方去而已）。若你覺得他們可以在其他地方成功，可為他們指引該方向，並事先提醒其他主管。

同事如何應付放錯位置的不適任者

• 假設這個人在做的事情（或不做的話）有危險，請盡速讓你的主管知道。當事情發生時請描述細節，以及誰有當場目擊。

• 如果你注意到他們並沒有合理地及時跟上工作內容，請提供領導者或主管具體的觀察內容。「馬克斯沒做好」太過含糊，「我注意到馬克思沒辦法在電話上回答客戶基本提問，因為他一直讓他們在線上等，然後問我」則較為具體。

• 如果你正在訓練這個人，但他沒有進步，可以詢問他希望怎麼學習。你或許得調整指導方式。

• 如果訓練這個人是你不想要的附加責任，或你沒有時間，請跟主管反應，請他重新將該工作分配給能享受其中的人。或是協商你可以繼續做與可放掉的部分。

• 如果你在訓練上遭遇挫折，請先不要斥責，而是跟你的主管談談。不斷跟老闆說請他解雇這個人、對這個人嚴厲與羞辱並跟同事八卦等，都不是有效的策略。心胸狹窄只會讓大家的工作環境愈變愈糟，請三思。

自我覺察：你可能是放錯位置的不適任者嗎？

請針對以下問題回答是或否。若你回答是，請看以下問題的建議。

1 ▶ 你會害怕自己找錯工作嗎？　　　　　　▶ ☐ Yes ☐ No

如果你因為跟不上而擔憂（且並非未受足夠訓練），或許你接了不適任的工作，或是你對該工作沒興趣、性情不適合。不適任是很令人難受的。希望你可以將自己的表現視為問題，在被列入警告名單中之前，就去尋找其他機會。求職顧問或許可以幫助你找到較為適合的職位。

2 ▶ 你意識到自己接了錯誤的工作，但卻否認事實嗎？　　　　　　▶ ☐ Yes ☐ No

如果你每天醒來都非常畏懼工作，或許代表你早就知道自己不適任。要找其他職缺的恐懼可能很駭人，但如果你已經開始四處打聽會更好。默不作聲可讓你暫時不用煩惱薪水，但最終其他人都會知道你其實表現不佳。同時，跟你的老闆或其他人爭論，以讓你自己看起來較有能力，長期來看也沒什麼幫助。

3 ▶ 你曾被告知你的能力不符合該職位任期應有的程度嗎？　　　　　　▶ ☐ Yes ☐ No

如果你學習上有困難，或是知道自己如何才能學得好，請讓指導你的人知道，這樣他們才能調整教學策略（好比錄音 vs. 書面指南、實務 vs. 講座或線上指導等等）。但若你還在幻想自己做得比實

際好,就是時候接受批評了,即使可能必需重新求職也是一樣。

4 ▶ 當你知道自己對這個職位沒興趣時,會將這份工作當作是「邁向成功的第一步」嗎? ▶ ☐ Yes ☐ No

將一份工作當作進入自己想要企業的捷徑可以理解,但你至少要符合目前老闆要求的表現。想從目前受雇的工作迅速跳到同公司的新職缺,可能有點不切實際。主管之間會互相了解。如果你在這份工作上不可靠,企業內的其他主管又怎麼會要你?

CATEGORY 10 無知、無技能又使人受苦的靈魂
The Unknowing, Unskilled, and Left-to-Languish

　　就像這章介紹提到的，有些人無法具備跟同事一樣的表現，實際上有許多原因。其中一個即是因為工作會隨著時間轉型。一般來說，科技會改變工作的內容。每當看見好的員工被轉型環境擊倒，都使我心痛不已。公司會安排提高技能的訓練，但這個人卻無法勝任，或是工作有重大轉變，而他們發現自己完全不符合資格。遺憾地是，這些情況更常發生在「資深」員工身上，而這些人大多在退休前都需要這份工作。當你在中老年後（或甚至更晚期）想要找到新工作，可能會受到年齡歧視，與／或無法找到同樣薪資與福利的工作。

　　作為一名顧問，我不時會聽到人們批評表現不佳的員工。我的第一個問題通常是，這些不幸的員工有沒有意識到主管的期待？而答案大多是「不是那麼明顯」。請各位務必用字精確！當一個人在某個崗位愈久，老闆就愈傾向於認為「他們應該知道吧」。但除非主管

直接了當地說明，我認為員工一般其實並不知道。該員工可能沒有收到資訊，或只收到混雜的訊息，或甚至只依靠過時的指令工作。

當新的領導者就任，人們大多可理解期望績效的改變。然而，如果新主管尚未釐清更新後的成功標準，就將員工視為無能，可能欠妥。作為新主管，你可能聽過該人物過去的輝煌事蹟。如果你現在看不出來，可能是因為你的標準不同，或工作要求改變了。

你可以透過這些特徵來辨識無知、無技能又使人受苦的靈魂：

- 他們目睹老闆來來去去多年。既然他們能在這些經歷後仍留了下來（即使可能有人對此嚴厲批評），或許已對負面評論養成金剛不壞之身。他們同樣只會等到這個主管走人。
- 他們通常不會知道自己的工作岌岌可危，而且既然都走到這裡了，又怎麼會這麼覺得？
- 他們從未透過課程或訓練獲取必備的技能。他們可能不具備能力，或訓練對他們來說沒效果。

STORY

黛博拉的垮台？

黛博拉對身在公司三十二年的資歷感到自豪，也是公司最忠

誠的員工之一。她的辦公座位展示了證書、胸針等，展現自己的長期任職與團隊精神。她在職涯中幾乎做過所有部門眾多非專業性的工作。而在過去七年，她任職於收發部門。四年前，他們引入科技登錄包裹，並協助配送到最終目的地。一些包裹需要簽名，一些則不用，但每個都需要遞送確認。黛博拉在當天執行第一項任務時十分順利，包括掃描條碼以記錄包裹到達公司。遺憾的是，她並不擅長追蹤每個包裹的特定需求，與持續記錄遞送內容。通常這並不嚴重，也不會被注意到，但某天，一個極具時效性的包裹丟失了，她頓時陷入巨大麻煩之中。該包裹顯然有被登錄進公司，卻沒有記錄到遞送，更重要的是，也沒有記錄到是送給誰。

塔莎擔任黛博拉的主管長達八個月，她嘗試持續從黛博拉那裡了解工作流程，但她並沒有做到。坦白說，塔莎受夠了觀察黛博拉的工作狀況。接著就發生包裹弄丟事件。塔莎被她部門的副總經理責備，並要她「處理黛博拉」。

當塔莎來找我時，她需要釐清的是該拿黛博拉如何是好，黛博拉任職已久，解雇她會顯得不太友善。此外，黛博拉還跟一些高官感情很好（高過她部門的副總經理）。當你希望她做得更好而督促，她卻顯然無法做到時，一切幾乎是浪費時間。

我跟塔莎坦誠地一同評估黛博拉實際擁有的技能。這使塔莎得以在某種程度上重新安排，即讓黛博拉繼續完成所有包裹的登錄，並移動到郵件室計量下午的郵件、處理特殊的郵資問題。就結果來說，黛博拉得而與公司同事保持聯繫（而她也享受其中），並在擅長的事情上有所貢獻。幸運的是，之前被分配到下午郵件室的人也希望更積極做事，並樂意接下包裹遞送的工作。

主管如何應付無知、無技能又使人受苦的靈魂

- 請直接給予這個人回饋，告知他們你期望的表現。即使你知道他們應該了解這些期望，請仍清楚告知。
- 如果他們跟不上，請修正訓練的指導方法。
- 提供學習協助。協助他們辨識線索，以迅速步上軌道，或以防他們忘記而不知下一步該做什麼。
- 建立在他們現有的技能、天賦與能力上。他們可能從未被鼓勵發展成有助於部門或企業的樣貌。
- 在不造成他人麻煩下調整職責。黛博拉的職責轉變建立在自己擅長之處，並刪除其他不擅長的部分。並非每個人都可以有這樣快樂的結局，但不同選項絕對是值得考慮的。也就是說，請記得一個人要調整工作（特別是當職責被移除時），可能會創造出另一個

問題。這會導致職稱上的不公平，或引來其他員工的合理怨懟。

• **若職責變更，請改變職稱**。如果你確實為這個人調整了職位要求，請提醒自己可能的後果，並考慮為修改過的職責使用不同的職稱（若職責變少，則非晉升）。請跟你的人力資源部門談談，並／或對這是否會是一個選項達成共識。

• 假如這是一位有價值、被視為公司資產的員工，可在不同部門找到更適合的工作。

• 如果你想要解雇這個人，請考慮所有法律上可能衍生的後果。若你認為自己必須讓這個人離開，請聯絡人力資源部門，尋求具體涉及法律的建議。

同事如何應付無知、無技能又使人受苦的靈魂

• 若正發生或尚未發生的某件事是危險的，請迅速介入協助。讓你的老闆知道情況細節。

• **請告知主管你的擔憂**。請報告（講述事實，不要抱怨）你同事在工作上的特定行為，以及其對你或客戶的影響。「夏恩沒有做好自己的本分」不夠具體。「夏恩兩天前答應說會寄月底的數字過來。我今天早上再次提醒他，但他說還沒完成。也因此，我沒有辦法準時完成你要求的報告」較為適合。

• **請意識到，你的觀點可能有限**。持續「談論」以望狀況結束，且當事人被「終結」（聽起來很悅耳吧？）或許誘人。但請注

意你可能了解得不夠全面,老闆也許已在處理當中,但礙於保護員工隱私而無法告知一二。

• **請控制你的惱怒情緒。**或許你可以分享一路上學習到的技巧,來幫助這個人。

• **跟你的主管確認。**如果你嘗試幫忙,卻得到「我不需要學這個」或「你又不是我老闆」之類的回應,請告知你的主管。請提到當你提供回饋或想要協助時得到的反應。

• **請保持禮貌但堅決。**如果該員工期待你幫忙做他的工作,你有充分的權利說「不」。不過請不要說:「才不要!」

自我覺察:你可能是無知、無技能又使人受苦的靈魂嗎?

請針對以下問題回答是或否。若你回答是,請看以下問題的建議。

1 ▶ 你意識到自己落後了嗎? ▶ ☐ Yes ☐ No

如果你快要退休,請讓我對你表示同情。這種處境十分難堪。不管你是否接近退休,忽略自己缺乏技巧的事實將無法帶來幫助,因為你的老闆一定會注意到問題所在。如果你跟主管關係不錯,看看是否能坦承該工作你喜歡且擅長的部分,以及其他有問題的

地方。有沒有方法讓你交換其他工作？或是讓你接受更多的個人訓練？還是你需要一個全新的工作？

2 ▶ 你曾被指出落後於目前標準嗎？　　　▶ ☐ Yes ☐ No

這種情況只會隨著時間變得更糟。請盡量讓自己接受教育或訓練。假設你真的跟不上，就是時候找替代方案了。

3 ▶ 你要求（更甚者，期待）自己的同事幫你做你的工作，因為你做不到嗎？　　　▶ ☐ Yes ☐ No

我相信你知道這並不公平。請尋求協助，以加快速度，或是像前面提到的，尋找你擅長的替代工作。

CATEGORY 11 惱人的無能主管
The Infuriatingly Incompetent Boss

社會對管理者挺嚴苛。卡通呆伯特的惡魔頭主管即可說明一切。我們對他們有高度期待,卻忘了他們也是人類,並不完美,就跟我們一樣。我認為領導力是一種召喚,需要一系列的技巧、才能與特質,但並不是每個人都具備這樣的資格。

我也曾有過我認為無能的老闆,也聽很多人抱怨過自己的主管多糟糕。在處理這類的事情上格外困難,因為坦白說,你在這種情況下沒有任何權力。作為他們的員工,你無法解雇他們,而為了排除主管所做的任何嘗試,或許只會讓自己陷入窘境。

我在職涯早期看過一場戲劇化的場景,主角是一名野心勃勃的中年資深營運長布萊德,以及即將退休的公司總裁。布萊德透過一群(我認為是)不道德的顧問增加同盟。他們的計劃是透過向董事會上訴來推翻總裁。猜猜最後是誰失業?答案是布萊德,而不是總裁。

在這場戰爭當中,叛亂營運長的支持者與董事長的支持者都公

開表達他們的忠誠。對布萊德的軍隊來說，這是一次醜惡的覺醒，因為他們必須選擇是要收回言論並離開，還是將自己轉為獲董事會認可的董事長的忠誠員工。布萊德的支持者很幸運，他們的工作並沒有因為這場叛亂而岌岌可危。

你或許會目睹類似的政治場面。當受歡迎的領導者被解雇，有時會有一大群支持者離開，以表達自己的憤怒。然而，當你向系統發射衝擊波與帶劇烈轉變的覺醒時，一般來說只會成為企業回到日常節奏前的小小風波罷了。

我早年經驗學到的一課讓我知道，不要天真地以為可以解雇你的老闆。然而，也請勿在非法／詐欺行為發生，或人們被對方的行為／無作為所虐待或危害時，保持沉默。你可以向某人報告，或利用權利去找你老闆的主管。但就每個人的狀況來說，「越級報告」或許不夠安全。若是如此，請告知人力資源部門，或你加入的工會。

請將你的申訴記錄下來，並做自己能做到的事。但請記得，你認為無能的老闆或許有強力的同盟。以下是一些可能帶來幫助的策略，或者你也可以選擇離開去更好的職位。

無能主管最常見的是他們無法向他人懇求或接收回饋，以了解自己的風格或行為是否帶給員工負面影響。請記得，許多人之所以成為主管，是因為在技術上展現出優越表現；也或許是因為他們已經待了很長一段時間，而管理職是唯一晉升的管道。他們或許不適

任,也就是找錯工作;也可能是彼得原理的活生生例子,也就是被晉升到無法勝任的職位。

其他你可以辨認出無能主管的特質:
- 他們無法專注在管理者的工作,並總有更重要的事情要做。
- 不管是個人或集體,他們都不跟員工會面。
- 他們無法做出/堅持/記住決策。
- 他們套用的原則、決定或實踐無法一致。
- 他們渴望跟員工稱兄道弟,會跟員工八卦其他員工,或出賣其他主管,或是把自己跟「他們」(更上面的主管)區隔開來。
- 他們拒絕給予資訊,導致員工日後因改變造成的影響而感到驚訝。
- 他們即使有權限也無法代表部門或員工,因為聲譽在企業中太差。
- 他們會偏袒他人,或當代罪羔羊,或兩者皆是。
- 他們在情緒上易怒且不成熟,更會遷怒自己的員工。

以下提供三種無能主管的案例研究,但無能主管絕非只有三種。而這些例子都有關於應付各類型無能主管的建議。

> STORY

難以管理的主管梅娜

　　三人組成的員工團體來找我討論部門發生的問題。他們在個人層面上高度關心自己的工作，也對自己抱有高期望。他們不斷抱怨老闆梅娜，認為她十分衝動，也沒意識到自己的行動會影響工作流程。例如，她會不由自主地按照當下的喜好分配工作，且看起來在未來也毫無參考相關資訊的意願。

　　就他們的描述來看，梅娜人很親切，總是帶著笑容。她會持續吸引擁有高度技能的員工到她的部門。但一旦受雇，員工就得任由她在計畫、專注與適當分配時間上的無能所擺布。她的口頭禪是「我現在太忙了」，之後就飛奔而去。

　　而之所以讓這三個人到我辦公室的具體問題在於，梅娜缺乏對部門的規劃。他們永遠不知道會發生什麼事，導致也無法對客戶做出實際承諾。

　　這對梅娜來說不是問題，她的信條是「熬夜加班啦！」。她因為危機而充滿能量，並對自己在非常措施之下成功克服的能力感到自豪。她從未想到，這些危機其實不必發生，而且對她的員工來說是沉重的負擔，同時（因為總是沒有時間檢視）也會犧牲品質。

　　透過某種三人無法理解的過程，梅娜隨意地決定了日期，並放進一個通常不切實際的時間表中。即使他們哀求，她也不願意明確指

出需要發生的事情、順序以及具體的時間點,讓每個人都有足夠的時間來認真完成任務。當被要求確立優先事項時,她會變得防禦性十足。最終,員工們不得不自行制定工作計劃,希望能夠準備好應對下一個(極有可能是可以避免的)危機。更讓人困惑的是,一般不太插手的梅娜,有時會突然想將一切掌握在手中。她到底信不信任他們?

我對梅娜下屬的諮詢著重在讓他們意識到,在該情況下可控制與不可控制的因素。看起來,梅娜永遠不可能成為他們希望的「有計畫的主管」。他們不斷給予回饋,卻都只得到自我辯白。他們可能也得意識到,梅娜不會有任何改變,而他們唯一的希望是改變自己。我建議他們可以辨識出上述梅娜感受到的壓力。收集愈多有關她身上承接需求的情報,就愈有機會預測到什麼會妨礙他們的腳步。就正面來看,梅娜放手的時間多過於插手,他們(大多數時候)可以按自己的想法操作,並同意這比被插手干涉太多細節要好得多。而如此自主可能帶來的危險在於,他們或許不會在需要的時候通知梅娜。我們討論了哪些情況可能必須向她諮詢,畢竟她有權限,且具備政治上的影響力。

> STORY

炸彈伊凡

　　伊凡的老闆傑生來找我討論一個問題，因為他已經別無他法了。伊凡是其中一個需向他彙報的主管，而在過去一個月，他收到無數員工對伊凡的抱怨。傑生並不是不在意伊凡火爆的性格，只是他曾認為這應該是個別事件的壓力反應。然而最近他卻發現，只要伊凡從員工或客戶那裡收到負面回饋，這種事情就會經常發生。傑生陷入兩難，他一方面需要伊凡的技能與經驗，又不希望他繼續這類行為。傑生擔心，發脾氣這件事已經在伊凡的個性根深蒂固，代表或許已無從改起。

　　因此傑生來找我，作為他的最後一搏。我詢問這些爆發點的細節。從描述來看，伊凡似乎無法調節自己的憤怒。這對所有人都可能都是個問題，但對一位主管來說更是格外嚴重。傑生說這些事件都有模式，並接著描述起上週的一次大爆發。
　　一位客戶要求改動伊凡團隊正在進行的標準測試。當伊凡進到工作區並看到該技術人員亞曼達在修正測試時，他就爆炸了，並說她沒有任何權限去核准變動。她應該讓他接手該位客戶。伊凡在亞曼達的同事面前把她罵得狗血淋頭後，直接衝到大廳去找客戶。他

闖進客戶的房間並大罵:「像你這樣的人就是覺得自己可以越過我為所欲為!」理所當然地,客戶感到很害怕。她站起來,並要求伊凡離開她的辦公室。這位客戶之後打給傑生,用顫抖的聲音描述發生的事件。同時,伊凡正打電話到人力資源部門,抱怨自己被不當對待,且權限動不動就被削弱。

在傑生掛掉客戶電話不久,被大罵的技術人員來了,眼眶帶淚。亞曼達告訴傑生,她已經受夠伊凡,而且準備要離職了。她一邊描述情況,一邊說她有能力跟時間去修改每一個客戶的要求。提供給客戶優質的服務不是他們的第一要務嗎?她說整個團隊都很沮喪,他們對伊凡的容忍度也到極限了。

亞曼達進一步解釋,只要伊凡覺得自己的權力受到威脅就會爆發。員工如履薄冰,不知道下一次什麼時候潰堤。亞曼達說,這些爆發點有時甚至會在伊凡在休息室提供甜甜圈時爆發,根本沒事找事。傑生仔細聆聽亞曼達說的話,並建議她當天早退,同時詢問能否暫緩離職一事。他說會前往工作區看看員工,之後再跟伊凡談談。

不出所料,傑生與伊凡的會面並不順利。傑生告訴我,伊凡覺得自己的理由十分正當,並認為這件事已經「結束」了。對亞曼達、客戶或員工更是一句道歉都沒有。會議最後只以傑生告知伊凡下不為例,否則會有嚴重後果作結。

在聽到全部的故事後,我說我不確定伊凡有沒有意識到狀況的嚴重性。也因此,他勢必低估自己對他人帶來的負面影響。他是否天真到相信自己可以操控並威嚇客戶?我問傑生,如果還有另一場風暴,他的容忍度到哪裡。答案是——伊凡可能得走人。

我跟傑生一起撰寫了份文件,上面包含對伊凡行為的具體期望,並建議我們三人見面。

傑生傳達了一些基本訊息,包括為什麼要開會、必須改變什麼,且如果又有其他事件,伊凡可能會失去工作等。伊凡聽了大吃一驚,並表示希望能繼續工作。我則提供訓練,幫助他增進溝通與管理技能,以及控管壓力的技巧。但底線是不能再有任何其他爆發事件,否則伊凡就會被踢出去。訊息已確實傳遞。

當我獨自與伊凡工作時,我問他知不知道自己在「發洩怒氣」時,整個團隊都非常恐懼,並覺得受到辱罵。伊凡體型十分壯碩,卻意外地沒意識到自己生氣時有多嚇人。既然這並非他所圖,就有可能改變。在描繪出績效改善細節的同時,我開始每週跟他會面、了解情況,並練習替代方案,讓他可以控管自己的情緒反應。

由於他來自講話都一連串、肢體動作大的家庭,易怒對他來說似乎正常不過。我在我們重建一個典型場景時將該場景錄下來,這樣他就可以看到自己的文字、聲調與肢體語言的表現。他嚇到了。顯然,我讓他抓到了重點。我們回顧過往的事件,他終於能夠辨識

出自己爆發的那些刺激點。我們一起想辦法，思考他如何在偏離軌道前處理思考跟感覺。我建議他誠心地跟員工（與客戶）道歉，並讓他們知道他「明白了」，並已尋求協助。

伊凡在隔年成長許多。幾個月後，在他將新技能融入日常工作中後，我們就不再頻繁會面。人非聖賢，誰能無過。伊凡的兩個員工受不了他先前的行為而選擇離開。但最終，他獲得留下來的員工的信任，而這多虧員工決策權限的釐清，以及他自身對情緒的穩定控管。

他努力地辨識自己憤怒的模式，找到方法避免對人們大吼大叫，好比離開該場合、散散步，或將想法與感覺寫下來等等。有時他甚至可以擺脫該情緒。他也曾失敗過幾次，但不會像過去那麼戲劇化，也會立即道歉。

在我們繼續一同共事的同時，伊凡決定固定去看治療師。他回報說在工作上變得比較快樂，而他的家人也注意到他正面的轉變。他說被下最後通牒雖然很痛苦，但也對能克服挑戰感到高興。

STORY

丹妮爾 —— 沒資格還是不在乎？

拉瑪來找我談論有關丹妮爾的問題，丹妮爾是他的同級管理

者,但往上匯報的主管不同。他們的部門工作會因為客戶交接而有交集,這也是拉瑪會來找我的原因。他的員工告訴他,丹妮爾有兩個員工一直不按常規做事,只圖簡便,使得客戶承擔風險。而員工也反應,這些問題員工看起來也沒有要改的意思。

拉瑪向我描述他與丹妮爾在會議上討論這個問題,以及缺乏改善的部分。聽起來他已針對問題提供詳細描述,且同時反應其員工可能需要訓練。他認為在理解這些資訊後,她應該會教育並訓練員工。然而她的回應卻是不斷轉移話題並製造藉口。但這件事情的風險不是只能說說就算了,因此在經過數次類似的對話後,拉瑪希望可以找到方法,以創造正向的結果。

我問他誰有權限從丹妮爾那得知績效,他回答她的老闆。之後他便決定透過自己的報告程序,警告主管這項可能給客戶帶來風險的事件。

他的主管也從丹妮爾的主管那裡了解情況。我們並不清楚丹妮爾有沒有從她的主管那裡得到回饋,因為幾天後事情就發生了——丹妮爾的一位員工犯了錯,而這個錯誤嚴重到需要透過品質標準部門上報。儘管受到自己主管與品質委員會的譴責,丹妮爾仍然沒有跟她的員工針對表現問題坦誠相對。在會議中,她一直呈防衛狀態,且逃避責任。儘管她不願意公開承認錯誤,但在幾週內事情就有了改善。丹妮爾是否因自尊心過高,使得她需盡全力守住面子?她是

否不知如何訓練她的員工？她是忽略了，還是根本不在乎？我們無從得知。問題（暫時）解決足矣。

該情況讓拉瑪學到兩個重要的一課：

• 如果你已經針對某個嚴重的問題反應多次卻毫無回音，那就是時候去找更有權限的人了。

• 你不會總是收到道歉或感謝，但你可能會看得到進步。請注意到這些結果。

如何應付惱人的無能主管？

• 認知到自己可控制與不能控制的部分。想像自己開除無能主管很令人興奮，但實際上你並沒有這樣的權力。你能看的角度也有限。你意識到自己的老闆對你有負面影響，但可能不清楚上面的人如何評價這個人。你的主管應對員工的能力，或許對他的老闆來說並非最重要的評價因素。而最終，是他們的主管決定他們的去留。

• 請認知到你可以向主管的老闆檢舉其無能行為，但不要期待會收到更新進度。你也無法了解任何他們有的訓練或績效對話。

• 請試著在他們較弱的領域中提供幫助，以改善他們的無能。好比說：「不如我接手更新月曆，這樣你比較不麻煩？」如果對方

說好，你就可以控制一直困擾著你的事物。

- **請避免八卦你的主管**。跟同事閒聊可以讓你得到安慰並建立連結。然而問題在於，這能不能製造出任何正面的變化？八卦的瞬間像是吃起來很美味的糖果，卻填不飽肚子。散布負面消息只會讓你對工作感覺更糟，而且如果老闆覺得這種行為是背叛或抗命，甚至可能讓你陷入麻煩之中。

- **若你的主管有能力在某些事情上做出改變，請盡量給予他們具體、有用的回饋**。去期待人格改變或突然熟練，都是不切實際的。跟對方建議員工會議的議程，會比較貼近現實。若老闆沒有時間（或興趣），你也可以提供協助。

- **評估你的工作權衡，好比哪些是正面，哪些是負面**。若平衡後偏向正面，或許你就能與無能主管和平共處。記得提醒自己，沒有工作（或老闆）是完美的。而專注於你在工作中享受的面向，就能提高自己的工作滿足感與觀點。

- **請考慮所有可能的選項**。如果你跟主管的狀況已經嚴重到你必須做一些不健康的事才能獲得舒緩，或許是時候思考離開了。如果你必須留下，請努力建立不會讓你生病、失眠或不斷抱怨的策略。

- **實際點**。我的人生中也有一些做自己不喜歡的工作、為不喜歡的人做事，卻對薪水十分滿意的時光。若這適用於你，請評估一下你可以從這份工作得到的東西，這樣才能得到動力。當然，當你的財務條件穩定時，就比較能挑剔自己的工作（與老闆）了。

- **請檢舉「可憎的行為」**。不需要在糟糕的事情上浪費時間。答案很簡單——檢舉就對了。這種都是名字後面有「歧視者」（種族歧視者、性別歧視者、年齡歧視者，或其他任何無理偏執）的主管。如果這些可恥行為影響到你的工作，就是違法的。若你遭遇到任何一種，請聯絡人力資源部門、主管的主管、公平就業機會委員會（Equal Employment Opportunity Commission，EEOC）、工會，或任何應該通知者。如果你認為檢舉不安全，請思考是否能忍受繼續待在該環境。只待著不改變會有其風險。

自我覺察：你可能是惱人的無能主管嗎？

請針對以下問題回答是或否。若你回答是，請看以下問題的建議。

1 ▸ 你曾從人力資源部門或老闆那邊收到有關管理的投訴嗎？　　☐ Yes　☐ No

被叫過去時你可能會覺得困窘。但這些情緒會讓你無法以清晰的視野了解情況。請重視這些投訴，並透過教練與／或領導力課程尋求指引。

2 ▶ 你忽略員工反應你的行為對他們造成負面影響一事嗎？ ▶ ☐ Yes ☐ No

假如你一直告訴自己沒有員工是開心的，來當作不聽他們訴說內容的藉口，就是你的不對了。偶發性的投訴是單一事件，但若有多人抱怨同一件事情，就該提高警覺。若你給員工帶來損害，又怎麼能期望他們有最佳表現，讓部門蒸蒸日上？

3 ▶ 你身處管理一職是因為它是唯一能「往上走」，且獲得更多金錢與／或聲望的方式嗎？ ▶ ☐ Yes ☐ No

假設你並非真的擁有成為他人主管或領導者來協助服務的熱情，那我懷疑你可能找錯工作了。或許你較適合處於個人貢獻的位置，而非領導他人。

4 ▶ 你對伊凡（情緒不穩的主管）的案例感同身受嗎？ ▶ ☐ Yes ☐ No

這十分嚴重。任何人都可能在少數情況下爆炸，但不斷的情緒爆發（不管之後有沒有道歉）可說是一種虐待。你用自己無法預測的情緒將人們像人質一樣挾持起來，又無法付出足夠的代價來彌補。這類行為會讓人抱怨工作環境不友善，並讓你陷入巨大又昂貴的麻煩之中。即使你抗拒（或認為自己是該情況的受害者），我仍強烈建議你尋求治療師或教練的協助。你可以學習新策略，但關鍵

在於你必須希望得到不同的結果,且願意付出努力達成。若你選擇這個途徑,我為你願意檢視、改變傷害行為模式的勇氣鼓掌。這個結果將正面影響你的生活與職涯。

Key Points

總結一下

應付無能討厭鬼

- **檢視你自身的動機。**是這個人無能，還是你純粹不喜歡他們，並希望他們消失？若這才是重點，那請處理你自己的情緒，不要為了把人趕出去而將他們貼上無能的標籤。

- **根據你實際在該狀況中的可控制程度，做一個實際評估。**你可以完全控制的是自己的行動跟反應。除非你是那人的老闆，否則你沒有權利解雇他們。

- **對身處難關的人有點同理心。**你可以給予回饋並／或提供幫助，但不要在人家背後八卦。除了沒幫助之外，還會造成更多傷害。

- **告訴可做出改變的人。**若該無能行為（或缺乏行動）很危險、非法、欺騙或花成本，你就必須採取行動，並警告有權限的人。

- **盡力做出正向改變，但清楚何時該退出。**無能的同事比起無能的老闆更容易忍受，但若情況變得令人難以容忍，就可考慮其他職場了。

Chapter **04**

失速
討厭鬼

The Runaway-Train Jerk

失速列車無法停下,且對他們造成破壞的路徑上的所有人事物都很危險。失速討厭鬼的共通點在於極端性,他們不懂得調整自己的速度跟方向。當較沒那麼極端的自我出現時,這些人的可容忍度較高,甚至可算是有價值的同事。但其激進本質可能會讓你吐血。

我們會在這章探討:

- 高鐵(無法慢下來等你)
- 葬禮列車(每件事都很糟)
- 危險物質運輸車(超可怕行為)
- 固定配送列車(超慢……)
- 區間車(過度講求細節)
- 迂迴列車(不直接溝通)

CATEGORY 12 高鐵
The High-Speed Train

這些人有一堆事要完成，你若擋到路就麻煩了！綜合來說，他們負責生產。由於他們傾向自己快速完成所有事，所以品質未必能總是到位。

他們的口號在於「現在就得完成，要改之後再改」。會列清單的人都知道，在完成之後把項目劃掉會帶來多大的滿足感。然而，當生產性在其他所有考慮因素之上時，就會有問題出現。

這類人的特質包括：

• 他們認為如果你有事要說，你會大聲說出口。沉默對他們來說就代表同意。他們不會四處問：「你覺得呢？」或是看出肢體語言的微妙之處，察覺有人不同意。他們也不會給你時間回答他們的電子郵件或傳訊過來的建議，因為他們已假設你同意。

• 不太能接受他人意見，特別是批評。你很可能得面對爭論或自我防衛。不過他們的反應可能會在思考過後趨向緩和。

・當沒人負責或感覺缺乏領導人時,他們會感覺到焦慮,這會讓他們成為主管的一大麻煩。因為他們幾乎會毫不猶豫地介入並接管。

・他們總是有本事貿然介入衝突。畢竟他們對衝突較不敏感,不懂為什麼其他人不願意加入解決。

・他們會有催促與控制等行為,且不會察覺自己對他人的影響(即使察覺,也不太介意)。

・重視高度生產性,也會設定好方向與貢獻。即使對同事嚴苛,仍可能對企業任務做出極大奉獻。

STORY
查克的挑戰

我的朋友查克是一家行政機關的中階主管,他跟我聯絡,並希望我執行一場員工性格分析的團建活動。

他希望自己的員工談論他們之間的共同點與不同,並期盼彼此多點容忍。就在我們準備結束對話時,他隨口說出:「我應該告訴你有這號人物⋯⋯」總算來啦,這號人物。

我曾共事過的團體中,約有百分之九十其團隊內「被認定的麻煩」是失速列車的類型,且通常是高鐵類的討厭鬼。他們很快就

跳到下個場景，也不留對話或合作的空間。他們奔馳前往某個目的地，使人們被一輛移動的火車撞飛。

這個處於問題中心的女性貝蒂當時正在工作中。她目光專注地進入辦公室，大概是因為從一大早睜開眼就一心只在工作上的緣故。每一天，她高速行經一大群同事，並且沒有意識到他們呼吸的是一樣的空氣。她會把自己的東西往桌上丟，然後開始工作，讓許多人想自己做錯了什麼，因為貝蒂總是粗魯地從他們身邊衝過，看都不看一眼。

她在團建活動中得到的團體分數也在意料之中，貝蒂是高度自信／人際關係低落的類型，但這分數大概是我看過最高的。難怪她覺得自己適合該類型，但超高分數經常代表這個人也重視這些特質（「大家應該都要像我一樣」）。

我跟大家談話，跟他們說可以改變自己的風格，以更有效地彼此溝通，也建議可以跟同事說早安，以改善低落的人際關係。休息時間時，貝蒂火大地衝向我，說她不敢相信我竟然希望她對人家說早安。我問她是否覺得這樣太花時間。她果斷回答：「這還用說嗎！」我建議她可以看著大家說早安，並同時繼續走到（而不是用跑的）她的座位。

幾年後，我聽說貝蒂搬到夏威夷去了。慢島生活？真想知道結

果如何。

如何應付高鐵討厭鬼

- **了解你的觀眾！**如果你希望他們慢下來,就需要滿足他們對效率與適宜性的需求。例如「如果你現在先徵求意見,就會省下時間,因為不需要再重複一次這個過程」。
- **使用「認為」而非「覺得」。**好比說「我們必須在繼續進行前確定這個資訊是否正確」,而非「我覺得你太快了,這樣可能不夠精確」。
- **如果你傳達了批評,請不要將對方的反彈視為針對你個人。**讓他們有時間反應,並看看改變了什麼。你會在他們的行動中找到證明,而非他們說的話。
- **必要時請展現大於平時的權威。**高鐵可能會直接穿過閃光燈與封閉的平交道。如果你看到一輛車在軌道上,並假設你對即將發生的災難的呼喊能吸引他們的注意力,可能會事與願違。請大聲地告知:「停下來!通通聽好!」。
- **說重點。**他們對「雜七雜八」的容忍度很低。而任何不在重點內的事情如「今天過得如何?」(他們可能不覺得有義務回答)都被他們算在雜七雜八內。

・觀察他們給的提示來評估他們可容忍的社交程度。許多高鐵討厭鬼並不像貝蒂那麼極端。他們可能對社交互動呈現出更多渴求,現實的磨練或許讓他們學會了融入他人。即使如此,他們預設的模式就是把事情完成,不管有你與否。

・讓他們知道為什麼你想談談,以及可能花多久的時間。如果你需要從他們身上得到些什麼,請記得他們很重視自己的時間與生產性。若擔心你講得太長或浪費時間,他們就會開始焦慮。

自我覺察:你可能是高鐵嗎?

請針對以下問題回答是或否。若你回答是,請看以下問題的建議。

1 ▶ 你的步調提振自己但讓他人感到疲憊嗎?　☐ Yes　☐ No

請注意你可能忽略掉那些想要慢慢來或謹慎行事的人。稍等一下、問問題,並聆聽這些答案。你可以從這些人身上學到東西。

2 ▶ 你有注意到什麼樣的情況會讓自己焦慮嗎?　☐ Yes　☐ No

請熟悉(並套用)可以放慢你那疾走大腦的技巧。你可能會

做出激動的行為來處理壓力。那麼冥想與／或學習改變內在對話，對你來說會是不錯的練習。你可以跟自己說：「深呼吸並安靜一分鐘」。這可幫助減少腦海裡那些督促你動作快一點的嘰嘰喳喳聲。

3 ▶ 你會在他人不對衝突與挑戰採取行動時感到不舒服嗎？　　☐ Yes　☐ No

你或許認為每個人都天生跟你一樣，但實則不然。能夠處理衝突是來自於你自己的力量。

你可能會也可能不會享受其中，但顯然不像某些人一樣感到害怕。

4 ▶ 你無法從同事那得到想要的結果嗎？　　☐ Yes　☐ No

請求（非要求）他人與你合作，應該會讓結果比自己做或位處要大家照你方式做的位置時好些。

CATEGORY 13 葬禮列車
The Funeral Train

　　我是在一位葬禮列車親戚身邊長大的。她發作時不只是一名悲觀主義者而已，根本可說是絕望了。若我嘗試反駁她，只會被回應：「我是現實主義者。」好像你不悲觀就等於活在幻想之中似的。我頓時想到艾倫‧亞歷山大‧米恩（A. A. Milne）所著的小熊維尼角色中的屹耳：「這是路的終點了。沒啥可做，也不會變得更好」。

　　我陷入消極的情緒多年，相信我的朋友與同事都可證明。如果你有類似的傾向，就很容易陷進去。更不用說我們為了確保種族存續，天生就有注意到錯誤或危險狀況的生存機制。然而，如果你像我一樣是個不甚穩定的樂觀主義者，就有可能被持續的失敗主義言論給壓垮。

　　你可透過以下辨識出葬禮列車討厭鬼：

- 他們經常有足夠的證明去輔助負面的預測，導致你無法完全忽略。

- 他們很輕易就能從「發生什麼事」轉到「是誰搞的鬼」。
- 他們必須知曉一切,而且不喜歡被嚇到。這也是為什麼他們有這麼多版本的絕望觀點,什麼都嚇不倒他們!
- 他們有時候是對的,但這只加強了他們的信念,認為自己對任何狀況會出的問題的判斷都是正確的。
- 他們會幫個性較正面的人取些難聽的綽號。他們認為這些人脫離現實。
- 他們可能有些值得聽的見解,卻很不會包裝。

STORY

歐娜的選項

歐娜是一個負責包裝各種配送小工具與設備的部門主管。部門員工的工作很機械化,基本上就是分類、包裝、標示、配送。歐娜的主管建議她跟我會面,尋求管理上的建議。

歐娜部門裡共八個人,而她故事中的問題竟也不下於這個人數。這些人缺乏技能、工作不穩定,且員工情緒上的問題導致互動緊張,生理上的不同也使工作平等產生爭論,而只要他們其中一人開始抱怨,負面觀點就如野火般漫開。

歐娜告訴我,她的員工由更上層的主管保護,因此解雇任何一

人都不是可行的選項,儘管如此,看起來她的確是想解雇所有人。我問她如何溝通期望績效。而她的回答是──她並沒有溝通。他們已經有工作說明了,還需要什麼?

第一個團隊成員在歐娜抵達前九十分鐘到,因此他們都是自己做自己的。我問她早上在大家都到後是否會先集合,好讓每個人了解當日要做的工作、設定優先順序,並為團隊工作建立正面能量。她說不可能。在歐娜抵達前他們早已四散,她也並沒有將大家聚集在一起。

你可能會好奇為什麼歐娜不能早一點來上班。想也知道她的答案是不要。

我問歐娜在抵達後有沒有巡視樓層、訓練需要幫助的人、稱讚表現佳的人,或是在衝突發生時介入。答案為否。她在另一個房間使用電腦,沒人知道她在幹嘛。我問她有沒有嘗試舉辦員工會議,並提出有趣的挑戰來提升團隊合作。她只說很確定他們不會想做。

我見了歐娜三次。每次會面時我都會建議不同的策略,讓她可以做一點事情以進行改善。她則提出自己的建議──要我在輪班的開頭時出現(而她不在),並「與他們談話」。喔不,我絕對不會幫她管理她的員工。

如果三次會面都沒有改善,就代表我不是那個對的教練。歐娜藉由來到我的辦公室享受了變換環境的好處,但她要的是一種不可能實現的魔法——什麼都不做卻想改變。我們之後隨即停止會面。

如何應付葬禮列車討厭鬼

- **停止辯論**。跟他們負面的觀點爭論不會有什麼好處。如果你有相反意見的直接證據,可直接呈現。他們可能會回說:「這次算你贏了,但沒有下次!」。

- **仔細聆聽負面語調的弦外之音**。他們的訊息之中有沒有什麼重要內容?對於動不動就悲觀的人而言,你很容易忽略其中真正珍貴的資訊。

- **試著給予直接回饋**。如果你跟這個人特別好,請直說他們的悲觀情緒讓你覺得不舒服。你可以說:「我知道你不是這個意思,但你悲觀的想法讓我很沮喪。不知道你跟我在一起的時候能不能少說一點類似的話」(好比你是否默默承受就好?)。

- **尋找模式**。是否有任何製造出宿命論的情況?若有,你可以說:「我注意到你在這個專案被提及的時候,都會進入一種負面的循環。怎麼了?」

- **重導對話**。改變主題,或不要回應太過消極的內容。

- 不要去爭你無法改變的事情。如果惱人的行為這麼多，你能做的就是看開一點。你可以進行自我對話如「歐娜就是那樣」或「深呼吸，放下吧！」當作你減壓的口號。

- 在自己盡最大努力後，讓對方採取行動。如果你管理的這個人總是抱怨部門／同事／工作／你等等，請嘗試這個經過充分測試的方法：要求他們提出改善方案。如果只是純粹抱怨，這個方法可讓他們停止評論。否則，你將會得到來自一個可能致力於創造改進的人的想法。

- 停止互動。如果這些都失敗，你可以做我朋友曾對我做的（在我拒絕他所有的良好建議後），他說：「你之後就知道。」然後離開。

自我覺察：你可能是葬禮列車討厭鬼嗎？

請針對以下問題回答是或否。若你回答是，請看以下問題的建議。

1 ▸ 你會用負面的陳述來當作引起同事興趣或參與解決問題的方式嗎？　　▸ ☐ Yes ☐ No

負面觀點會使很多人洩氣。你可以試試用像「你覺得我們要怎麼減少處理時間？」，而非「我們的客人一直抱怨」等負面的陳述。

2 ▶ 你在他人提供解決方案時總是提出無用的內容嗎？　　☐ Yes　☐ No

試著建議他們同時注意優缺點。這樣你或許更容易討論解決方案的負面意見，而且可以注意到之前沒考慮到的優點。

3 ▶ 你會駁回同事的想法嗎？　　☐ Yes　☐ No

沒有任何事情會比一個墨守成規又試圖在每樣東西上挑毛病的人，更讓一個充滿熱情的點子王還挫折的了。請透過幫助他們建立點子來添加價值。

4 ▶ 你認為自己會故意唱反調嗎？　　☐ Yes　☐ No

請注意這可能會是你挑剔且不認真聽他人點子的藉口。

5 ▶ 如果他人觀點正面，你會給他們貼上「脫離現實」的標籤嗎？　　☐ Yes　☐ No

你可以對世界抱持現實的觀點，卻仍然做一個開心且樂觀的人。

6 ▶ 你會抗拒做些什麼讓事情變得更好嗎？　▶　☐ Yes ☐ No

　　若是，這即是你必須注意的地方。不要像歐娜一樣不積極採取行動，做什麼事情都覺得自己是受害者，且不樂意改變。

7 ▶ 你認為自己是個悲觀主義者嗎？　▶　☐ Yes ☐ No

　　如果你希望注意到更多正面的事物，其實有很多東西可以幫助你。其中一個是了解自己的負面思想，並挑戰它。例如，你可能覺得「根本沒有足夠時間把這些工作做完」，但可用「即使條件受限，我也能準時完成這些任務」之類的想法挑戰它。另一個策略是給你自己每日作業，去注意工作上發生的三件好事，並將它們寫下來。你也可以將參與其中的人通通納入，並提及自己的貢獻，當作加分。

CATEGORY 14 危險物質運輸車
The Hazardous Materials Train

　　這些人凡行經必留下有毒氣體。跟葬禮列車中提到的負面評論相比，他們做出的是令人不快、持續的批評，而且極不友善。他們總是有辦法找到你的弱點，再狠狠踩躪一番。

　　他們可能很清楚自己對他人造成的負面影響，但卻享受自己接收到的恐懼或順從反應。

　　若有人有以下特徵，那你就是遇到了：

- 他們會透過喃喃自語、傷人的文字散發毒氣。好比「這裡沒人知道他們在幹嘛」或「我一定得全部的事都做嗎？」，彷彿附近的人（一般來說為他們的攻擊對象）都不會聽到似的。
- 他們可能會有情緒上的爆發——尖叫、大哭、丟東西，以及／或罵髒話。
- 他們可能喜歡別人害怕他們，這讓他們覺得擁有力量。

STORY

轟炸機班恩

在我擔任顧問的初期,對工作十分渴望、興奮!那時一位著名的顧問班恩打電話給我,他想跟我談談與一名跨國客戶的委外合約。我跟班恩共進午餐,並讓對方徹底檢視自己的能力。我達到了他的標準,並被要求在外地陪伴他與他的生意夥伴希爾維亞兩趟。班與希爾維亞會執行訓練,而我負責記錄、製作教師手冊。如果他認可我的工作成果,客戶也喜歡我,我之後就可以親自執行訓練。然而,班恩當天問我是否穿上了最好的衣服,我腦子裡頓時響起警報,因為如果我想的沒錯,代表我得升級自己的衣櫃了。

那兩趟行程根本堪稱恐怖。班恩這個男人想掌控所有人事物,甚至在所到之處都製造混亂。他為了對照出自己的特別菜單,在沒有我的同意之下就在飛機上點了我的食物,還會在我們起床、去健身房與吃飯時不停給予忠告。在眾人面前表現大方得體,卻在晚餐時把客戶數落到不行。即便銀行裡的存款少得可憐,我當時還是很認真考慮要不要繼續這份工作。

第二次出差回家的路上,班恩在機場報到櫃台跟地勤吵了起來(我甚至不記得是為了什麼)。接著在我們坐的頭等艙內責罵兩位女性空服員。這些女性明明應該已處理過很多離譜事件,眼裡卻充滿

了淚水。希爾維亞已習慣擔任和事佬（實際上為縱容者），她介入紛爭並平息場面。

在這四小時的旅程中，她一次又一次地介入。我為這整齣戲羞愧不已，於是點了杯飲料、戴上耳機，並迫不及待飛機降落。

在幾週內，我完成並提交了教師手冊。而下一個月，我被當地某機構選為簽訂三年訓練合約的對象。我超級開心！那份工作很有趣，並讓我在財務上獲得某種程度的保障。班恩下一個客戶訓練超過六個月，且他已收到談定的合約。我寄給他書面通知，告知因長期合約而必須退出的消息，而他有訓練教材在手，有足夠的時間找到其他訓練者。

但是我收到了他的威脅信件，除非我繼續配合他的下一個行程，否則他就要告我違約。但實際上並沒有所謂的合約，只有我已完成的最初協議。但我被威脅嚇到了！我沒有錢，也是新人，更不知道他會怎麼樣毀壞我的聲譽。我在腦子裡不斷想像著各種「如果」。對於霸凌者，我唯一知道的方法就是反擊回去。我寫了封信，並用朋友的朋友的律師事務所的名義寄出，感覺更有力。當然，班恩繼續透過一封尖酸刻薄的信件來表達其最終看法。但我沒回。

在我成為受到認可的顧問後，某天在一場會議上遇見班恩。我赫然發現，自己曾在腦子裡描繪出的巨大猛獸，其實是個皮包骨。

恐懼讓人產生的渲染印象實在驚人。

如何應付危險物質運輸車

• **如果你是主管／上司**：請明智地針對該危險人物進行績效管理，不然走的就是你！你可以從人力資源尋求需要的幫助。我看過一整個部門因為一個人的駭人爆發而集體被挾持。在這些案例中，主管（當被問到為什麼這個人還在時）通常會說：「但他們是唯一有這些技能的人」。相信我，這個工作場域的某人一定也有一樣的專業度。你繼續留著這些人帶來的傷害，會比你想相信的要嚴重更多。

• **如果你是同事**：先跟老闆說有同事霸凌。如果沒回應，請到人力資源部門。如果沒有改變，就請再深思熟慮。

• **如果你是同事或下屬**：顧好你自己。根據你的背景，同事的咄咄逼人與辱罵行為（包括不適當的簡訊或電子郵件）可能會讓你非常沒有安全感，如果是主管的話更嚴重。假如老闆就是問題本身，請告知更有權力的人（好比他們的老闆、人力資源、工會等）。如果你覺得跟某個握有權力的人談話不安全，問問自己能不能在這種環境存活，或其實另尋出路更好。

自我覺察：你可能是危險物質運輸車嗎？

請針對以下問題回答是或否。若你回答是，請看以下問題的建議。

1 ▸ 你被說過是控制狂嗎？　　　　　　　　　　　▸ ☐ Yes ☐ No

如果你覺得自己必須控制所有人事物，且相信自己的判斷是最棒的，那等於是愈來愈往自戀狂靠攏了。

請參考自戀討厭鬼中「自戀的領導者」篇章段落，並考慮尋求治療師。

2 ▸ 你曾做出令人不快與批評的評論，以表達出傷害他人的目的，或從他人身上獲得東西嗎？你會故意激怒他人嗎？　　　　　　　　　　　▸ ☐ Yes ☐ No

我就坦白說了，這很惡劣，且霸凌行為可能會讓你產生大麻煩。如果你無法自行停止這類行為，最好尋求諮商心理師幫忙。若你是領導者，請記得當你尊重並善待員工時，他們才能投入工作。令人不快的評論只會導致生產力降低、八卦、使人請病假或心理健康假，以及／或刻意放慢速度。你可以找領導能力教練幫忙，了解領導者角色與如何激勵他人。

3 ▶ 你難以控制自己的脾氣嗎？ ▶ ☐ Yes
☐ No

　　如果你正為了達到自身目的或逃避責任而創造出一齣又一齣的戲劇，就長遠來看並沒效率，也不會有效果。短期來看你可能贏了，但人們只會思考如何把你掃地出門。你必須學習如何在不生氣或戲劇化的情況下表達自己的需要與想望。教練跟顧問可幫助你。我相信那些戲劇對你來說很累人，對你週遭的人來說也十分糟糕。

CATEGORY 15

固定配送列車
The Milk-Run Train

　　固定配送列車會停到酪農場並領取、遞送商品,它們也會載送人。這讓鄰居可互相造訪,而藉由這樣的短距離輸送,讓當地八卦得以萌芽。跟高鐵比起來(類似直達車),固定配送列車偏向「在地」,也就是在完成環繞一週前不斷靠站。

　　有社交天賦的人可以在一天內花上驚人的時間與人互動。然而,建立關係通常可讓你透過他人完成工作,卻同時失去完成個人工作的時間。你要等一個社交達人去注意手邊的單調工作,可能會順便拖垮所有事情。不過,他們的網路與連結對自己或公司來說,或許都稱得上是一種優勢。

　　儘管如此,一個極端的固定配送列車同事可能讓人十分挫折,特別是當你是那個必須接替工作的人的時候。

如何辨識出固定配送列車:

- 他們有不同群組的朋友跟夥伴,並會利用這些關係來執行商

務作業。如果你需要活動捐款,應該會很需要他們在你的團隊!

• 他們花很多時間在與工作無關的社群媒體或電話上。

• 他們很容易就交到朋友,且傾向記住很多細節,當作彼此連結的象徵。

• 他們可能也可能不會完成工作上的義務。但這主要是他們與自己主管之間的事。

> STORY

社交達人莎娜

拉烏爾在課堂結束後來找我尋求建議,希望能夠應付他的同事兼鄰座同仁莎娜。他曾經還算喜歡莎娜,誰何嘗不是?她很友善、樂觀,對他人感興趣,並將人們和平時的工作與個人興趣連結起來。在她花上許多時間建立與培養社群時,卻無法在完成自己的責任上同樣細心。

拉烏爾維持一種健康的「不干我的事」的態度,並認為他們的主管會注意到並與她談話。然而什麼都沒改變。拉烏爾發現自己漸漸被莎娜的客戶呼喚、出現在他座位等所影響,因為他們找不到她,或是她沒有及時回應簡訊或電子郵件。

有時他們還會留下充滿細節的訊息要他傳遞。拉烏爾盡責地轉

達這些書信給莎娜,她也表示感謝,接著又繼續去到處遊蕩。拉烏爾已經受夠擔任莎娜的助理了。

此外,拉烏爾對於莎娜沒有表現出他認為「良好的工作道德」的一面感到氣憤。就他來看,莎娜根本就在偷懶,還能拿到薪水。我們談論莎娜的行為如何冒犯到他的價值觀,結果只讓他更生氣。他不斷想著「不干我的事」或「莎娜只是在正常發揮」等來壓抑自己。我們嘗試建立合適的界線,討論他認為有義務傳遞給她的訊息。

我提到,莎娜可能沒有意識到自己一連串的訪客對拉烏爾造成的困擾。他可以說:「莎娜,每天都有很多人來打斷我的工作,因為他們找不到妳。妳有沒有可能在桌上放個便條說妳很快就會回來?也請留一些紙張讓大家可以寫便條給妳,或是留妳的電話,這樣他們就可以跟妳聯絡。」好讓她知道。

一個月後,我見到拉烏爾,並詢問情況如何。他說自己已經跟莎娜談過,並且進展順利。她對自己的行為干擾到他的工作感到羞愧。也做了他所建議的內容,並在她「待會回來」的便條上加註「請不要打擾拉烏爾」。

如何應付固定配送列車

- **清楚表達你無法做他們的工作**。比起只是停做或希望他們注意到（被動式攻擊），請告訴他們你還得做自己的工作，所以無法繼續協助他們的工作內容。

- **設立界線**。如果你（像拉烏爾一樣）被尋找他們的人打擾，或被要求傳遞訊息，請讓你的社交同事知道你覺得不舒服，並要求他們另做安排。

- **如果你需要什麼，請要求他們協助**。一般來說他們很慷慨，並樂意分享他們的聯絡網或幫助介紹。

- **請找出他們正面的貢獻**，即使那可能並非你認為他們應該做的事。

- **尋求幫助**。如果你已經跟那位熱愛社交的同事談過，但仍然必須接手他們的工作時，請跟主管談談。

- **主管需發揮自己的優勢**。如果你是這個人的上司，應該已經了解到這些比較細節的工作並非他們擅長的部分。他們比較適合被放在可以發揮建立連結天賦的地方，好比拓展社群或在產業集會中代表公司等。比起因缺乏所處職務的工作能力而使你受挫，不如幫助他們認知到自己的熱情所在，並支持他們找到對的工作。如果他們無法達到目前角色的期待，可能必須將他們推出舒適圈。請持續在他們無法帶來任何幫助時大肆鼓勵他們改變（詳見無能討厭鬼章

節中的「放錯位置的不適任者」段落)。

自我覺察:你可能是固定配送列車嗎?

請針對以下問題回答是或否。若你回答是,請看以下問題的建議。

1 ▶ 人們認為你總是在工作中偷懶嗎? ☐ Yes ☐ No

當你社交過度時,看起來就會是這副模樣。如果這是你工作的一部分,請讓他人了解你正在做的事情,以及為什麼。但願你的職銜能反映出社群關係。如果你的確是用偷懶的方式逃避工作,代表你可能不適合這份工作。

2 ▶ 你會在非工作範圍內建立人脈嗎? ☐ Yes ☐ No

如果你想維持這份工作,請平衡你的職責與被賦予的工作。不然就請尋找其他職位,發揮你使人友善互動的天分。

16 區間車
The Stop-at-All-Crossings Train

極度講求細節的人可能會因為陷入枝節細末而拖垮工作,甚至浪費時間挖掘(看起來)不必要的研究。但他們的勤勉可能幫助你下更好的決策。然而,他們提出問題的需求、放慢過程與研究到滿意為止等特點,可能會使工作停滯、讓人愈來愈暴躁。

你可透過以下辨識這類型的討厭鬼:
- 無止盡追求完美,這份完美卻會拖垮所有事情。
- 因為分析而造成癱瘓:考慮太多因素,導致無法做出決定。
- 在工作中極度講究細節,即使根本不需要。
- 對改變感到焦慮。
- 希望每件事都清清楚楚,並有應變計畫與保證。

> STORY

過於瑣碎的威爾

馮來找我談她的一名員工威爾。他們位於財務部門，因此每個人都善於分析。但問題在於威爾太講究細節，導致完成工作也要花上很長時間，電子郵件也因為無止盡的問題而長到不行。就連威爾在對話中冗長的停頓也讓馮感到焦慮。她有點高鐵特質，故不禁想對他大喊「快說啊！」。

我問馮給過威爾什麼回饋。她提到像是「請加快速度」與「我沒有時間看你所有的電子郵件」。我問威爾怎麼回答。她說覺得威爾甚至變得更慢，而且一直寄送冗長的郵件。那麼他工作的品質如何？答案是非常良好。馮給了我一個例子。她曾要求威爾在了解、比較後推薦每日帳簿軟體套組。而那是一個月前的事。我問她有沒有給他期限，答案是沒有。她最近問起這件事時，威爾說因為他尚未得到有關他郵件內分配參數（這部分他覺得太模糊）的回應，因此建立了自己的參數。他創建了十個標準，並比較了五家供應商，建立了寫有結果的試算表。目前已完成約百分之八十。馮告訴我她非常生氣。這個工作相對簡單，他卻能把它變成這麼複雜的任務。她說這原本不會花到多少錢，但現在已經不知道有多少錢被花掉了。

我跟馮建議,她的指示可以再更具體一點,並包含期限,同時至少在中途進行一次檢查。

威爾並不是在煩人,他是想把事情做得「正確」到符合自己的品質標準。如果希望了解他著手專案的方式,需在開始前就請他解釋計畫,且不可避免地得回覆一連串的協商郵件。如果擔心他掉進無底洞,就能在早期階段阻止他。由於馮的期限對威爾來說頗有壓力,若他擔憂無法照規則來,她必須讓威爾知道她會支持他。畢竟善於分析的人比較無法容忍風險。

馮讓帳簿專案走向不可避免的結局,但她在下一個工作分配上開始使用新策略。幾個月後我再見到她時,她提到已會提供威爾更具體的資訊,也較以往回答更多問題,這讓兩人都受益不少。當威爾提出某些她希望使用但他覺得不夠好的流程時,她會加以釐清並理解他的擔憂,並發現有些擔憂是有道理的。他們彼此更願意妥協。威爾已能展示他的工作草稿給馮,因為他有信心兩人會對此討論。馮還說威爾願意表達更多想法,也不再寄這麼多郵件了。她則抱持耐心工作,好比咬緊牙關,要自己不要打斷,讓威爾有時間思考。

主管如何應付區間車

• **請放慢速度，並在專案開始時花時間回答問題**。這應該會減少一些要你回答問題的郵件。你或許會在無數提問下，對他們渴望做該工作的動機做出一些不討人喜歡（且很可能是錯）的假設。但他們的動機其實在於獲取分配工作的資訊，而從他們的觀點來看，這可以讓他們以更適當的方式工作。你若缺乏耐心，只會讓他們擔心你在工作分配時未經深思熟慮，導致他們的工作表現不符合標準。

• **請給他們質疑的好處**。由於他們善於分析的大腦會很直觀地心想「如果」，你可能會覺得他們只想否定你，但實際上他們在試圖理解並計畫。

• **請清楚表達範圍的期限**。你可能需要協商分配工作的條件，以及細節與／或分析的等級。這可能會分成兩個（或三個）部分的對話，因為他們在思考後會有額外的問題問你。

• **請利用他們的天賦讓公司與他們變得更好**。這些人可在更能預測、較無時間壓力，且需要細節與縝密性的工作上，展露出最佳表現。他們喜歡有可以依據的規則或決策樹。

同事如何應付區間車

• **請理解各自的不同與角色**。如果你是高產量的製造者，威爾

這種人可能就會讓你瀕臨抓狂。但除非你是他的主管,否則他製造了多少其實與你無關。

- **讓他們做自己的工作。**收拾殘局只會讓你愈來愈不爽。如果區間車討厭鬼期待你做更多他們的工作,(除非能互利,否則)請直接說不。

- **請意識到你可以從他們講究細節的天分中獲益。**尋求他們的意見,特別是需要思考利弊的內容。那可是他們的專業。

自我覺察:你可能是區間車嗎?

請針對以下問題回答是或否。若你回答是,請看以下問題的建議。

1 ▶ 人們會抱怨你過於講究而耽誤他們嗎?　　▶ ☐ Yes ☐ No

請注意你的步調可能影響他人工作。你可能經常覺得自己被趕著做事,有時甚至不夠謹慎,其他人則覺得你為什麼不加快速度。

2 ▶ 你總在電子郵件裡寫滿細節,或一連串長長的提問,讓老闆與其他人無法招架嗎?你是否其實是在尋求安慰或讚美,而非資訊?　　▶ ☐ Yes ☐ No

請坦承你是不是在尋求他人注意，還是真的有重要的問題需要答覆。如果你希望從主管那裡得到工作品質上的認可，或確認在做的是否符合需求，請要求召開定期的更新會議。你可以準備一個簡短的清單，以及需要答覆的重要問題。寫長長的郵件可能會被主管認為是浪費時間，同事也根本懶得閱讀跟回答（如果要全部回答的話）。

　　如果你要的是稱讚，請自行犒賞自己，並告知家人或朋友，讓他們給予你鼓勵。

3 ▶ 你擔心其他人不會跟進你希望達到的一系列標準嗎？　　▶ ☐ Yes ☐ No

　　跟你的老闆溝通看看哪些可以接受。你要求的完美或許並不合理，或是為人所接受。

4 ▶ 你擔心自己找錯工作了嗎？　　▶ ☐ Yes ☐ No

　　你或許比較適合有規則、流程與時間來思考的職位，而非需要自發、臨時行動的工作。

17 迂迴列車
The Circuitous Train

　　我們的溝通程度會隨著自信心、有沒有清楚表達需求而有所不同。這些大多與文化相關，好比家庭、社群、地區、國家等。美國商務溝通（由白人設立的標準）比其他許多國家都要自信／直接。我曾與其他慣用委婉表達的國家的人一起工作，而我們對上下文的溝通缺乏理解的這件事情，經常讓他們感到困惑。

　　好比說，我們無法區分文字「是（yes）」在一些文化中的微妙之處。因此我們不清楚如何評估他們的回覆是否能稱作是保證（是）、「我會試試（I'll try）」或「不（no）」。我們大多人都處在多元文化的工作環境中（並／或與全球的夥伴一起工作），因此都需知道自己的溝通方式如何被接受與理解，並根據此進行修正。

　　作為一名直接溝通者，我通常說話很直接。由於太過自信，很多時候我會被認為過於無理。但你其實可以在直接的同時也維持禮貌。重點在於用字選擇，並避免責怪他人。

有些人因為本質或文化的關係，在溝通上較沒自信或不夠直接。他們用字溫和，且藏有暗示，讓聽者自行發覺與行動。而一個直接的溝通者就可能會忽略這些重點。我知道有人會在我沒有收到隱晦的要求或針對其行動時感到失望或生氣，但我也驚訝並缺乏耐心地心想：「為什麼你不直接告訴我？」。

如果直接溝通者過於直言不諱（甚至到達毀滅性的程度），他們該做的就是收斂語氣，並溫和一點。我們這裡要著重的，是會拐彎抹角才說到重點的間接溝通者。

你可以透過幾種特質認出迂迴列車：

• 他們期待他人某種程度上能讀出他們的心思（「如果你愛我，就應該知道我在想什麼」），或你應該要能理解他們語調或肢體語言傳達的意涵。

• 他們對最親近的人有一套自己的語言，且並非所有人都知道或能理解。但他們不會意識到你並不清楚這個部分。

• 他們認為即使給予暗示或對可能發生的事說得沒那麼清楚，你也會注意到。好比有個例子是用非直接語言請你加少一點奶油：「我想我應該可以去商店買多一點奶油回來⋯⋯」。而直接語言則為：「奶油沒那麼多，你可以留一點給我嗎？」。

• 他們可能會用一些吊人胃口的陳述，並期待你自願做些事情來填滿這些空格。例如：「我發現印表機沒紙了⋯⋯」或許他們認

為,若沒直接問,你比較不會說不。

> STORY

期待你讀心的麗塔

麗塔來找我尋求協助,希望我建議她應付主管妮雅的方法。她覺得自己在同事薩瑪拉請產假時,要額外工作負擔而備感不平。麗塔一邊負責自己的工作,一邊還要處理薩瑪拉那邊需要盡快解決的事項。我問有沒有人幫她。她說沒有,我又問為什麼會有這樣不公平的情況產生。麗塔回說,她的老闆問團體內有沒有人願意在薩瑪拉不在的三個月內支援。而除了麗塔自願協助外,沒有其他人願意。我說:「你自願對吧?那麼是什麼問題?」。

麗塔並沒有料到工作竟然這麼多。她原本也認為,幫老闆一個忙,應該可以讓自己獲得一些認可,或許還會有額外獎金,或在未來有晉升機會。

就我看來,這些都是虛無飄渺(未說明清楚)的期待。我問麗塔有沒有跟妮雅要求減少她手上額外的工作。答案是否。而她也有許多不能大聲說出口的理由。她喜歡薩瑪拉,所以想要幫忙,而且如果她說了,妮雅可能會覺得她沒有團隊精神,她也不想因為食言

讓對方失望,她也沒有勇氣說出口等等。當我問麗塔,妮雅如何知道她並不滿意目前工作分配。她說:「這個嘛,她之前要我幫她找一些數據,我就跟她說我沒時間,而且我不擅長。我想她應該會意識到我工作太多了」。當我問她那時是用什麼語氣說「不擅長」,她說她用了比較「不耐煩」的語氣。

我跟她說,妮雅或許正專注解決數據上的需求,要期待她理解那種間接的表達方式或「我沒有時間」,其實是希望她問「妳是不是因為協助薩瑪拉的工作而負荷太大」,可能不太合理。我問麗塔能不能找她的老闆談談,解釋她覺得額外的工作超出負荷,並提出希望能怎麼做。結果顯示,麗塔並不清楚自己希望從妮雅那裡得到什麼。

我發現,人們通常知道自己不想要什麼,卻難以解釋他們想要的事物。經過思考後,麗塔表示,她希望能將額外的工作減少一半,讓其他人接手剩下的部分,並收到一些針對額外付出的獎金。我問她認為的合理獎勵是什麼,她回覆希望能贊助她參與當地的會議。聽起來麗塔似乎有計畫。我們一起練習了幾次這些陳述,直到她覺得有自信跟妮雅溝通。

幾天後,我收到麗塔寄來的郵件,她說妮雅積極回應了她的要求,因此她得以將額外工作減半,並參與會議。妮雅表示自己對此相當感激,麗塔只多說了:「為什麼妳不在覺得負荷過大的時候就先告訴我?」

如何應付迂迴列車

- **釐清對話的假設。** 如果你聽說麗塔這類人因為一些你做的行為,或沒回應他們的請求而感到失望,請處理直接對不直接的溝通問題。好比說:「既然我可能忽略掉你試圖表達的,希望你可以直接說你心想的,即使你覺得可能會有點不禮貌」。

- **觀察並分享。** 隨著時間經過,你應該會開始熟悉他們的特殊語言,並能在一堆模稜兩可的文字中辨別出其要求。可以的話,請將你學到的傳授給被這個人搞迷糊的其他人!

自我覺察:你可能是迂迴列車嗎?

請針對以下問題回答是或否。若你回答是,請看以下問題的建議。

1 ▶ 你發現你工作團體中的其他人溝通方式較直接,且似乎一直誤解你想表達的東西嗎? ▶ ☐ Yes ☐ No

你或許需要做出一些改變,以符合你工作團體的溝通準則。你的家庭教你的,或是你文化中的典型,對他人來說或許並不適用。

2 ▶ 你的請求總是沒有得到回覆嗎? ▶ ☐ Yes ☐ No

請用大家能理解的語言來提出要求。當你因為沒人對你要求的內容採取行動而感到不滿時，或許就代表你可能需要更正自己的用詞了。請嘗試不同的文字。可問問看值得信任的朋友，他們會如何提出要求。

3 ▶ 你擔心如果在溝通中太直接，會有壞事發生嗎？　▶　☐ Yes ☐ No

　　你的恐懼可能過度了，實際上後果並沒有那麼嚴重。是否是因為你過於焦慮，才導致無法對他人清楚表達？或者你喜歡為自己得不到的找理由？可考慮跟朋友或愛人練習更加堅定自信的語言（直接要求自己想要的），以習慣使用這類型的溝通方式。

　　或許你會在模糊跟清楚之間，找到接收者較能理解的中立方法。

Key Points

總結一下

應付失速討厭鬼

- **請提醒自己這並非關乎個人。**當你意識到他們的行為屬極端範圍時,從有價值的層面來看,就不會覺得他們的行為是在針對你個人。唯一的例外是危險物質運輸車,他們是真的欠揍。

- **如果有可能改善,請讓他們意識到過往的行為造成的問題。**他們很可能並不清楚自己對他人造成的重大影響。

- **請盡量拿掉有色眼光,看看有沒有什麼值得注意的訊息。**這個人是否能提供什麼資訊?

- **請限制自己與這些人接觸的次數,或當情況太糟時,請直接閃人。**如果沒有喘息的出口,每天跟這些極端人士相處是很辛苦的。

Chapter **05**

衝突
討厭鬼

The Fight-or-Flee Jerk

這章將探討衝突。變吵架王或把自己關起來都是無法好好處理衝突的極端例子。工作上一定會遇到意見不合，但事實上，卻也是一個拓展思考、創意與解決問題的機會。然而，你必須要有一條通往建設性解決方案的道路。而當人們吵架、逃避、漫不經心或掩蓋真相時，就難以達到這樣的結果。

　　大多數時候，職場上的衝突會因角色（誰應該做什麼）、目的（優先順序為何），以及完成方式（過程或方法）的意見分歧而起。然而，我們通常不會意識到這些，導致衝突變得個人化，並將此歸因於某人的個性，之後更會對對方做出嚴厲批判，損害同事情誼。

　　價值衝突其實更加嚴重，因為它是依據教養或文化，用「對」或「一般」的方式去看世界的意見分歧。不管衝突源自何處，「額外資源」段落都有一些值得你參考的部分。既然這本書是關於職場，我建議有價值衝突的團體可以回歸基礎，即該企業的潛在目的與工作。

　　另一個能否妥善處理衝突的因素在於，我們對意見不合或有人生氣時提高的音量是否具備容忍度。我在擔任學校社工時，第一次被客人大罵。孩子的家長在生氣，並對著電話喊叫。我頓時心跳加快、口乾舌燥。真想跑走！我將話筒放在桌上，並在對方長篇大論持續時小心翼翼地看著它。最後終於安靜了。我拿起話筒問：「你在對我生氣嗎？」。家長說不是。而這是我第一次學到「並非所有

事都是針對個人」。

我在家裡沒怎麼受過處理意見不合的訓練。我的觀摩對象都只陷入暴力衝突，或只在寂靜的夜裡透過門縫滑了便條進來。真的只有便條！難怪我在工作中處理衝突的能力如此不足。技能發展的貧乏也讓我總被告知生產性不足。幸運的是，我找到了有用的書籍，以及博學的同事。

你也可能不懂或未經訓練處理衝突的方法。你或許會過度敏感、驚恐或過有侵略性。也或許這些特質並非來自於你，而是來自於你的同事。也可能你的企業文化有一定的規矩去處理不健康或不具建設性的爭吵。

這個章節不會探討人真的開始拳腳相向的場合，儘管我知道肢體衝突是有可能在工作中發生的。如果真的發生，我只能建議你請警衛來干預或依法執法。

我們將在這章討論：
- 怨氣超人（容易大發脾氣）
- 聰明的仙人掌（我知道的才是對的，不准質疑我）
- 煽動者（設計他人鬥爭）
- 躲避球高手（快逃！）
- 妥協專家（息事寧人，即使沒那個必要）

CATEGORY 18

怨氣超人

The Chip-on-the-Shoulder the Size of an Elephant

　　我們都有自己比較敏感的地方。大多數人可以將其藏在背後，除非被某件事觸動神經，而這時，我們的反應就會像被一隻大黃蜂叮到似的。對容易生氣的人而言，只要一點小事就會讓他們火山爆發。彷彿他們頭上有個霓虹燈大大寫著「我氣炸了！」，反應超大。

　　其他你可以認出這類討厭鬼的方法有：

- 他們會把超多事情都認為是針對他們個人。不過，如果你在他們身邊待得夠久，應該可以預測出什麼事情才會觸動他們的敏感神經。

- 在感覺到不平時，他們會有極端的情緒反應，如大哭、大叫、憤慨或暴怒。

- 他們的防禦姿態固若金湯，因此如果你打算給予負面回饋，必須記得「臥倒並掩護」。

- 他們可能會把怒氣集中在可能什麼都做不好的人身上。

- 他們的反應強烈憤慨,可能促使團隊避開他們,或太過小心以至於將他們排除在重要的討論與決策之外。
- 他們的脾氣會讓有些人離開團體。

STORY

戲劇化的導演

在嘗試將作品搬上舞台的人之間,難免會有一堆檯面下的鬥爭。

作為一名業餘的演員,我多年來有幸與許多導演合作。其中一位脾氣非常大,你不需要做什麼就能觸發她的敏感神經,讓你跌得東倒西歪。

娜塔莉最討厭有人挑戰她的權威。在第一次閱讀劇本時,她外表看起來是一個溫暖、歡迎大家的人。但新人很快就驚訝地意識到,(排練三或四小時後)一個問題或建議就容易掀起一場風暴。你很難想像,「我是不是應該站在那裡才對?」或「我認為這個角色不是憤怒,而是沮喪」之類的話,會需要經歷一場訓斥後,才能讓表演者各就各位。事實上,你必須足夠熱愛表演,才能忍受僅是提出不同的服裝意見,就得被娜塔莉罵得狗血淋頭。

作為一個無實際經驗的心理學家,我推斷娜塔莉缺乏安全感。

其實她真的不用如此，因為她的確是一個很有天賦的導演，也很聰明，能讓演員做出美好的表演，（有些時候）也算善解人意。運氣好時，她會願意接受你的觀點，也十分願意給予表演與劇組讚揚。大多時候，正面會大於負面，因此人們仍然可以堅持下去。但不可避免地，也有人厭倦這種情況而離去。但總是會又有一批才華洋溢的新鮮人取代他們的位置。

同事如何應付怨氣超人

- **請理解他們認為自己有正當理由**。跟他們爭論不會有成效。也請意識到，所謂的過度反應就是任何比你自己的反應更強烈的反應。

- **請了解到這個人使用的濾鏡，是根據某種缺乏安全感而形成的**。其實這不難發現，因為他們會說：「你覺得我（填空）」來譴責你。如不夠好、笨、不切實際、悲觀、太老、太年輕、不夠資格等等。

- **請他們解釋**。如果你接收到針對你說的某件事的情緒性回應，但你本意並非如此時，你可以問「你聽到我說什麼？」，因為這些話進入他們的濾鏡之後可能產生誤解。接著你可以再說「我的意思不是那樣」，並用不同的文字來重複該訊息。你可以在訊息被

接受前多重述幾次。

- **請在必要時介入**。若你是旁觀者,且注意到怨氣超人錯誤理解他人意思時,可以嘗試介入。如果你可以讓這個人深呼吸冷靜下來以聆聽,那很棒。越簡單越能吸引他們的注意力。例如:「娜塔莉,暫停一下,深呼吸。我不確定妳是不是有聽懂大衛在說什麼。」然而,如果他們情緒非常激動,可能聽不進任何澄清內容,並會跟你也開始吵起來。

- **選擇最能傳遞訊息的方法**。口頭溝通很難,但文字的溝通更容易造成誤解。如果你覺得任何想說的話都可能都被誤解,可親自(最好)或透過視訊傳達,需要的話也可用電話溝通。最好可以觀察肢體語言並聆聽語調,以在事情失控之前修正誤解。

- 如果你是類似社區劇場等的志工,或許就可以準備將你的天賦帶去其他的團體了。

主管如何應付怨氣超人

- **處理有破壞性的行為**。如果這個人每次團隊會議都爆發,請試試前面自戀與無所不知討厭鬼章節的建議。主管需在私人環境下,釐清並指出具冒犯性的行為,並陳述較能被接受的行為。

- **請檢查你的用詞中可能引起他人反應的部分**。你會不會在不經意間使用接近指責的言語?即使你意圖並非如此,是否也給人貶低的感覺?請找一個你知道擅長建立關係、值得信任的同盟,嘗試

一下你的措辭。「你應該」、「你必須」、「你怎麼可以」、「你為什麼」、「你總是／從不」都是責怪他人的話語，最好從詞彙中排除。

• **請預先處理問題。** 最好可以跟當事人對話，理解你如何給予這個人關鍵的回饋，讓他們能聽進去、理解，進而行動。請在必須給予回饋前就先做這件事。如果他們坦承自己會有極端的反應，請問他們希望你如何回應。

• **假如他們願意，請提供指引。** 如果這個人對於團隊成員（或你）的評論持續反應過度，你可以建議他們尋求教練或顧問的幫助。

自我覺察：你可能是怨氣超人嗎？

請針對以下問題回答是或否。若你回答是，請看以下問題的建議。

1 ▸ 你在經常覺得自己受到冒犯或他人曾經提過的情況下，意識到自己有個一觸即發的扳機嗎？　▸　☐ Yes　☐ No

你或許傾向假設他人在貶低你。如果是的話，這樣活著太累了。你不需要總是這麼覺得，人際關係也可以比你想像的更歡樂許多。建議你嘗試諮商。

2 ▶ 當你大發脾氣時,是否忽略掉他人試圖告訴你其實誤解了? ▶ ☐ Yes ☐ No

　　如果你因為某人的評論大受刺激,請試著關掉你腦中的警鈴,專注聆聽他們想說什麼。冷靜地深呼吸一兩次應該會有幫助。

3 ▶ 你經常覺得自己受到冒犯嗎? ▶ ☐ Yes ☐ No

　　這也代表你的大腦或許沒有精確轉譯這些文字。請停下來深呼吸,並請他們再說一遍。讓他們知道你聽到的內容,並詢問這是否就是他們要表達的意思。他們可能是想侮辱你,但也可能不是。

4 ▶ 你始終認為自己的劇烈反應是正確的嗎? ▶ ☐ Yes ☐ No

　　請試著理解,當你處在一個高度戲劇化的模式時,其他人很難與你相處。

CATEGORY 19 聰明的仙人掌
The Smart-as-a-Whip and Hugely Defensive

　　你可能因為某些人的專業而希望依賴他們,卻可能在得知他們超具防禦性的姿態後敬而遠之。他們擅長說明、提供事實,以及解析的方法。有時他們會以最後通牒的方式提出建議。如果你嘗試問問題以理解他們的論證,則可能讓他們頓時變成仙人掌,渾身是刺。而你若是決策者,下的決定又跟他們的建議不同時,就有好戲可看了。

　　其他可以認出這類討厭鬼的方法還有：

　　• 他們對團體的流程沒什麼耐心,因為他們的建議在過去都會被毫無疑問地接受,或是一直以來都是唯一的決策者。

　　• 他們在職場已經擁有備受敬重的知識。也因此,他們認為被質疑很侮辱人。

　　• 他們可能會用事實跟圖表擊敗你,說服你他們是「正確的」,且讓你不再過問。這或許會以超載的口語形式出現,也可能透過要求過多的文件呈現。

- 他們或許沒有如自己希望的是個專家（好比是該專業的新手或剛離開學校），因此會將質疑當作對自己知識的抨擊。他們缺乏安全感，所以在回應上具防禦性。
- 他們認為自己是在幫助你（在志工場合下的確是），因此質疑他們的建議會感覺像賞他們一巴掌。「我給你我的時間跟天賦，結果你這樣對我？」

STORY

堅定的迪伊

法魯克來找我討論他其中一個設施規畫總監迪伊。管理團隊要求設施規劃部門評估公司一個較老的建築。他們希望評估是要修繕該建築，還是直接拆掉重建。負責領導評估的人正是迪伊，所以法魯克就帶她前往報告。他希望她透過在管理階層面前說話贏得成長機會，且既然那是她的專案，理應有一定程度的知識。

迪伊對簡報並不陌生。她在會議上準備了圖表、評估預算，並強烈建議應拆掉建築並重建。這個選項較貴，但之所以考慮新建築，是因為較符合法規，且也有擴建的額外彈性空間。就在迪伊打算仔細解釋為何如此建議前，其中一名高層開始詢問迪伊使用的假設，該高層試圖理解她是如何得出這個結論的。

據法魯克所說，迪伊一開始有聽，接著便開始姿勢僵硬、下巴緊縮，嘴唇也抿成一條細線，之後就到達極限了。她嚴厲地批評該主管，讓法魯克十分丟臉。她並沒有回答問題，而是給予「相信我，我最了解了」之類的回覆。該高層嘗試用溫和的文字再次詢問。而她的回答仍具防禦性，且在最後以「好吧，看來我怎麼想並不重要」結尾。該高層驚訝地說不出話來，法魯克則希望有個洞可以讓他鑽進去。幾秒鐘過後，他鎮定了下來，並建議大家稍微休息一下。接著他走向迪伊。

法魯克告訴迪伊，這個問題並不是要質疑她的專業，高層只是希望了解最新情況。

他們負責企業的財務層面，因此想理解細節、而非只有總結，其實是合理的。迪伊氣憤地說，如果自己沒有被打斷，早就進入到細節的部分了。法魯克提醒迪伊，這是他們的會議，而非她的會議，而且他們本來就可以在任何時間打斷，並按照希望的順序進行。後來迪伊終於冷靜下來，並同意回答問題，但法魯克必須跟她坐在一起，並在必要時給予調解。最終他們完成剩下的發表內容。

法魯克告訴我，在這次經歷之後，他就不太願意再讓迪伊向管理層報告了。他說她的態度上有問題，我則認為這算是簡報準備上的問題，並詢問法魯克願不願意訓練迪伊。既然他認為她有前途（如果反應小一點的話），應該會樂意花時間協助她進步。我建議若下次行

程裡有高風險的簡報場合,他可以幫迪伊安排一場練習。這樣他跟其他的員工就可以協助她演練可能收到的提問。幸運的話(並提醒她質疑並不代表攻擊個人),她可能就比較不會那麼敏感,也能準備得更完善。

如何應付聰明的仙人掌

- 用試探性的言語,並將不理解的壓力轉到你這邊。例如,「你可能說過了,但我還是有點不懂為什麼你推薦銀色而非金色」,或是「可能是我沒聽到,但你可以再跟我們說一下金色的價格嗎?」。

- 如果你注意到這個人快要爆炸了,請說明一下你為什麼要問問題。好比「我想你應該很好奇為什麼我會問一堆問題,而非只是同意你的建議。因為我必須徹底理解,才能精確地跟其他人呈現」,或是「迪伊,我不希望妳覺得自己被質疑,這些問題是為了幫助我自己理解才問的」。

- 請對方諒解你必須引導他至重點。如果他們對問題的回答會引出成堆的論據與數據,或導致你的信箱多了大量的郵件,請要求他們標出你應該檢視的精確頁數。

- 為高風險的會議找替代方案。人的易怒會阻撓自己的貢獻。若團體中有人較不好鬥,可以考慮請他們負責公開露面。他們可將

這些問題帶給專家,再獲得解答。

- **請小心你利用專家的方式**。如果你讓聰明的仙人掌在簡報時坐一旁回答特定問題,效果可能也不太好。當問題開始後,現場通常會陷入爭論,不管指定誰公開露臉都一樣。

自我覺察:你可能是聰明的仙人掌嗎?

請針對以下問題回答是或否。若你回答是,請看以下問題的建議。

1 ▶ 你會將疑問當作批評嗎? ▶ ☐ Yes ☐ No

這種回應其實不少見。但如果你知道自己比較敏感,且即使對方無此意,也傾向將其視為批評,那就是你的問題了。

你在內心告訴自己什麼?是時候挑戰內心對話,並將話語轉為假設對方最好一面的時候了。不要去想「她為什麼質疑我,她沒看到我知識明顯大過於她嗎?」,而是「她可以問她想知道的,這樣我就能視需要提供資訊」。而大多數時候,人不會為了批評個人而提出問題。

2 ▸ 即使你即將在未曾見過的人或決策者面前報告，你仍像平常一樣準備簡報嗎？　▸ ☐ Yes ☐ No

請確保你理解會議的目的，以及為什麼被要求做簡報。可考慮讓他人幫助你腦力激盪可能被問的問題類型。而了解觀眾／個性，或有類似經驗的人都可以幫助你準備。

3 ▸ 你在簡報前覺得亢奮嗎？　▸ ☐ Yes ☐ No

請用技巧讓自己冷靜下來，這樣才能保持專注並回應。以下可能有幫助，好比早晨運動、想像、冥想、深呼吸，以及限制咖啡因攝取等等。

4 ▸ 你確定你理解問題嗎？　▸ ☐ Yes ☐ No

在你回答前，請先跟對方釐清問題。好比：「我想確定我是否有回答到你的問題。你是想知道我推薦的廠商，還是你想知道我為什麼推薦這個廠商？」

CATEGORY 20

煽動者
The Pot Stirrer

　　當我還是青少年時,瑞伊阿姨曾警告我,葛蕾蒂斯奶奶非常善於引起家庭紛爭。奶奶會跟做派的人說「葛瑞絲吃了你的南瓜派之後就生病了」(不論真假),只為了煽動他們。之後再興奮地坐回去看其他人吵吵鬧鬧。

　　我注意到工作場合會有類似的情況,而這些情況都是因瑣碎到不行的小事而起。當煽動者被質問時,可能會說「我只是實話實說」、「只是說說」或「傳話的人有什麼罪啊」,而這都是為了透過「不是我,我只是說出事實／傳話罷了,你應該感謝我!」來擺脫責任。我認為,傳遞訊息背後激怒或傷害他人的動機並不可取。

　　你可能看過以下特質:

• 他們善於設計他人,但如果是自己被八卦,就會覺得自己受害、受傷或生氣。

• 他們傳遞殘酷的評論,顯然缺乏同理心。

- 他們收集並散播故事,喜歡說悄悄話。
- 他們喜歡從揭露對方不知情的資訊中獲得的權力。
- 他們透過交換資訊來尋求權力/影響力/地位,例如:「如果告訴你,我會有什麼好處?」

> STORY

「我只是跟你說說」的汪達

宋來找我談她的兩名員工茱蒂(她總是能引起麻煩)與汪達,後者總有傳遞與自己無關資訊的強烈衝動。而這不可避免地會傷害到其他員工的心情。

宋表示最近一次的爆發發生在前一天。週末時,茱蒂帶她還是幼童的兒子去市立游泳池學游泳,並巧遇女兒在同一班的麗莎。

星期一早上,茱蒂告訴汪達,麗莎的女兒跟其他孩子比起來,似乎不太情願將頭放進水裡。為了證明,她給她看了一段孩子在泳池的手機影片。茱蒂繼續推敲,孩子應該很害怕,因為麗莎也對游泳感到焦慮。

汪達跑去找麗莎,並根據茱蒂所說,表達對麗莎女兒的同情心。但眾所皆知,每當麗莎的孩子與其他人相較處於不利情況時,她都會為自己的孩子辯護,因此麗莎自然對茱蒂與汪達兩人大發脾

氣。這時汪達就回說：「我看到影片了，我只是想表達善意啊！」之後汪達回去再告訴茱蒂，麗莎對影片跟揣測感到生氣，導致這三人現在相互矛盾不說話。

我得承認，這類型的事件每次都讓我翻白眼心想：「你們這些人是沒別的事情做嗎？」而宋跟我保證，每個人都清楚如果有多餘的時間，還有額外的工作要做。我問她們團隊有沒有一系列清晰的規範（像是團隊成員互動的規則等）。答案是沒有。我建議她召集一些願意與她進行這項專案的員工。宋必須身處其中，才有機會確保八卦之類的東西會被包含其中。

然而宋也好奇處理游泳課事件的合理性，畢竟那是在工作之外與週末時發生的。而我認為，既然問題被茱蒂帶進工作場合，汪達也涉入其中，那宋就有必要清楚告知，不管是哪種場合，八卦同事的行為都必須禁止。

我之後再跟宋確認狀況，顯然在合理表達道歉與相互接受後，三位女性之間的憤怒已消散。

在克服重重難關後，茱蒂跟麗莎開始為她們的孩子規劃游泳玩樂約會。當宋詢問員工中有沒有人自願為溝通建立部門準則時，汪達舉手了。宋希望汪達的參與可以增加她對規範的擁有感和遵守意識。汪達大力地表示自己支持無八卦的規範，但宋還是對未來汪達可能掀起的風暴保持警戒。

如何應付煽動者

- 不要為了加入八卦而接近這個人,這會讓人分不清楚是非對錯。
- 保持沉默。如果有人揭露了某件私事或他人的私事,請不要再傳遞給他人。
- 拒絕參與。如果有人傳播與你有關的八卦,你可以直接批評說:「你為什麼覺得我需要知道這個?」如果對方回應:「我以為你會想知道人家在講你。」你可以說:「我不想。而且如果你不再傳八卦,我會很感激。」親自溝通、電子郵件與簡訊都適用。
- 把自己排除在外。如果你想離開這個迴圈,請告訴對方你不感興趣,而且還有工作要做。接著便離開該對話。這個人(或團體)之後就不會再去找你,畢竟你很掃興。
- 用正面的事情來轉換。當內容是對同事的稱讚時,請盡情傳遞!這是個與部門骯髒八卦對抗的好方法。如果傳的人夠多,或許就能流行起來。好比說:「我因為客人不知所措的時候,多虧麥可救我。真的很感謝他的快速支援!」這可透過視訊或實體會議、集體郵件或簡訊來完成。

自我覺察:你可能是煽動者嗎?

請針對以下問題回答是或否。若你回答是，請看以下問題的建議。

1 ▶ 你認為要不要傳遞與你無關的資訊是你的自由嗎？ ▶ ☐ Yes ☐ No

我理解你認為分享好的資訊是出於善意，然而，不管該資訊是好是壞，揭露該資訊與否應該取決於該故事擁有者本人。請尊重他們認為誰應該知道，以及何時該知道。除非你詢問（並收到）傳遞他們資訊的許可，不然請別這麼做。

2 ▶ 你覺得在他人之間造成不合並袖手旁觀算是被動行為嗎？ ▶ ☐ Yes ☐ No

別騙你自己了，那就是一種冒犯的舉動。你從傷害人之中得到什麼？如果是為了得到在其他地方無法得到的力量，請透過正面的方式去滿足自己的需要，像是自願籌畫需要完成的事情等。如果你認為一個或多個群體傷害過你，而出於復仇心態才在他人之間製造衝突，那我建議你是時候更坦然表達自己的委屈，才有可能解決。

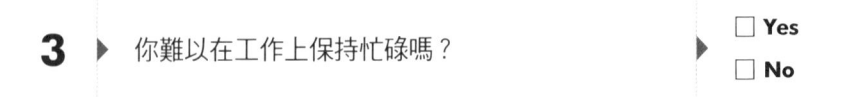

3 ▶ 你難以在工作上保持忙碌嗎？ ▶ ☐ Yes ☐ No

請找更多工作或幫忙他人。因為無聊才挑起紛爭是不對的。本

質上,你其實是浪費上班時間的薪水小偷,也讓自己的人際關係陷入危險之中。

4 ▶ 你將猜測與八卦當作與同事建立連結的方法嗎? ▶ ☐ Yes ☐ No

請找到其他共同的話題。世界上有數百萬計的主題可以聊,而非只能單聊同事的生活。

5 ▶ 你有注意到自己掀起他人之間爭鬥的動機嗎? ▶ ☐ Yes ☐ No

先不論動機為何,你最好停止散播某人的秘密或批評,或他人對同事或老闆說的閒話。如果你的團體內有人是該八卦的主角,那沒人是安全的──包括你。

CATEGORY 21 躲避球高手
The Disappearing Act

有些人與縱身跳入衝突的人相反，在事情發生時反像聽到炸彈倒數計時似的，直接逃離現場。而那些在意見不合的煙哨味飄出時就離開的人最為明顯。也有人會放空，像隻停在車燈前的鹿，或呈現緩慢爬行的模樣。

躲避球高手可能有以下行為：

- 他們有多種觸發點。危機、忙碌與混亂等都可能讓他們跑往另一方向。
- 他們高度焦慮。
- 他們在判斷或知識上缺乏信心。
- 他們需要秩序與可預測性。
- 他們難以忍受意見不合（特別是情緒高漲）的情況。

> STORY

逃避者華倫

亞伯跟我提到他最新晉升的主管華倫。亞伯認為華倫應該要增加自己在處理員工衝突時的自信。華倫也坦承，自己對於員工的意見紛歧感到不舒服，還說覺得自己不應該介入爭吵之中。他的解方是讓他們有機會自己處理問題。我問該策略是否順利，答案為否。

最近，一群員工在需要幫助時繞過華倫直接找亞伯。但在需要時調解衝突或下決策都是主管工作的一部份。亞伯清楚表示，他不打算擔任華倫的「影子」主管，因此華倫必須學習這一技巧。

當我跟華倫會面後，我問他在眾人音量提高後他會如何反應。他說覺得自己胃在翻攪，同時很想離開。我告訴他很多人都會這麼覺得，但他可以學習如何處理這種感覺。由於衝突大多伴隨高漲的情緒，你容易覺得失去控制或畏懼。然而，這是一個解決問題的機會。如果能將眼光放在問題而非情緒上，或許就能更容易應對。我要求他在下週發生感到焦慮的情況時，將自己的內在反應記下來。

華倫再次來訪時，回報有兩個事件讓他感到類似的恐懼。我問他能不能辨識出腦海裡不斷叫他做什麼，他說「快跑！」。我告訴他，他胃裡的翻攪跟想逃的衝動都是在告訴他，這時候應該有意識地呼吸，並告訴自己「沒事的，專注在這些文字上」等正面話語。

華倫同意在下次員工產生衝突時嘗試以下方法：

- 保持冷靜、深呼吸,並不斷對自己說:「沒事。」
- 仔細聆聽,這樣才能專注在問題上,避免被情緒牽著走。
- 如果有太多資訊要吸收,請大家放慢速度;若他們在大吼大叫,請他們降低音量。
- 重複該問題,以確認自己是否真的理解,或讓他們解釋到他真正理解為止。
- 詢問員工替代方案,看他們能不能自行解決問題。如果不行,他可以陳述自己偏好的方式。
- 如果需要時間思考,則可稍後處理。

需注意的是,他不能將拖延當作是一種逃避的手段。他必須告訴員工,什麼時候可以得到決策結果(最晚隔天,除非需要研究)。而最好的選項就是讓他的員工參與建立解決方案,進而加強他們自行處理問題的能力。

隔週,華倫成功處理了某個問題,這也讓他產生了希望。他當時覺得自己胃部一沉,卻沒有離開現場,員工們也找到方法達到共識。第二次狀況則發生在華倫前往會議的途中。兩個同事之間產生衝突,他沒介入,而是繼續向前走。我建議他在未來如果遇到類似狀況,可以短暫介入並了解分歧,接著讓他們知道如果他們需要,他會回來並協助解決。如果什麼都沒說,會讓人覺得他只是想忽略或逃

避。

華倫這方面的技巧隨著時間持續進步，成功的次數也愈來愈多。某天我在附近徘徊並偷聽他跟三位不高興的員工說話。華倫總結問題，並問他們覺得哪種解決方式最好。而他們提出不一樣的解決方案。他問他們希望自己商量，還是讓他做決定。

他們選擇了後者。華倫提出自己認為較好的解方，但他們是否願意照做？事實證明他們同意了，並順利回歸工作崗位。

我走向華倫，祝賀他精湛的調解能力，並問感覺如何。他看起來似乎對這個問題感到驚訝，並說感覺不錯，顯然這對他來說已成為習慣。太棒了！

同事如何應付躲避球高手

• **讓他們知道你需要他們出現。**跟某個實際上不在或是精神不在這的人工作是很辛苦的。如果躲避球高手會在備感壓力（衝突、危機或聲量提高）時消失，你可以告訴他們（或你的老闆）你需要他們的參與。是什麼讓他們不願意提供幫助？你或許會發現他們缺乏自信，且需要更多訓練或練習。或者像華倫一樣，對分歧感到焦慮。

• **不要將沉默當作是答案。**如果你依賴這個人，而這個人卻不回郵件、電話或簡訊，請你多聯繫幾次以順利溝通，或親自去找他

們（若這是一個選項）。請不要因為你認為他們應該主動回答，而你不應該繼續問下去就放棄。請過去並追蹤他們的情形。如果你無法在合理的時間內得到答案，或許就是時候尋求主管的協助了。

• **努力詢問躲避球高手的意見。**他們可能覺得自己沒什麼可以貢獻的，或是反正也沒人會聽。請對他們好的建議表示熱忱，讓他們產生動力，並鼓勵他們多多貢獻。

主管如何應付躲避球高手

• **請親自見證躲避球高手的逃避行為。**如果尚未目睹他們在不恰當時機離開的場景，你或許得經常出現在附近，以實際查看發生什麼事。比起第三者的檢舉，由你親自觀察較容易給予回饋。並於之後加強你對他們參與的期望，但請務必詢問他們擔憂的點，這樣才能加以處理。

• **請問問題並聆聽。**這個人是否需要更多特定訓練，才能在工作或處理分歧時更有自信？人力資源部門或許能提供協助。

自我覺察：你可能是躲避球高手嗎？

請針對以下問題回答是或否。若你回答是，請看以下問題的建議。

1 ▸ 如果討論太激烈或有明顯分歧時，你會焦慮到避免讓自己參與其中嗎？　▸　☐ Yes　☐ No

處理衝突本來就是工作的一部分。健康的分歧在工作過程中會導向進步，所以你的聲音需要被聽見。如果你的情緒反應讓自己無法在有分歧或衝突的場合持續參與，或許可尋求醫師或諮商。

2 ▸ 你會對衝突有激烈反應嗎？你能辨識出自己對衝突的身體反應，以及你對自己說的話嗎？　▸　☐ Yes　☐ No

這些反應都是在暗示你，是時候說一些話讓自己安心，並制止自己。像是「你沒事，你並不危險」，或「深呼吸，你很好」，或是「你可以解決的」。再次強調，諮商或許可提供你適當協助。

3 ▸ 你會在焦慮時思緒混亂嗎？　▸　☐ Yes　☐ No

請讓當事人知道該分歧對你來說很難處理，並請他們重複說過的話。如果焦慮已經讓你跟不上對話內容，請將注意力放在他們的文字上。請真正聆聽並理解（這代表要減緩你的個人反應）。如果你發現自己對郵件或簡訊反應強烈，請稍微花點時間冷靜後，再重讀一次。由於焦慮的關係，你的大腦可能會插入一些非他人意圖的意義。

4 ▶ 當衝突發生時,你會覺得自己靈魂出竅嗎? ▶ ☐ Yes ☐ No

如果你發現大腦被自己的思想占據,以至於聽不到別人說什麼時,請告訴自己去感覺腳或手指頭。這會讓你回到自己的身體與當下,以防自己僅將注意力放在腦中的恐慌聲音上。

5 ▶ 你認為所有同事間的衝突都應該上報管理階層嗎? ▶ ☐ Yes ☐ No

大多數的主管會期望同事在上報主管前,就適時解決紛爭。如果你不確定主管期望為何,請詢問對方。

6 ▶ 你總是在衝突發生時就立刻逃開嗎? ▶ ☐ Yes ☐ No

請選擇一個不太有威脅性或你沒有投入過多的問題,來建立自己的容忍度。隨著時間經過,你就能建立自己的抗壓性,在情況變得更激烈時仍能持續參與。

7 ▶ 你的工作上有任何資源可以學習衝突處理策略嗎? ▶ ☐ Yes ☐ No

如果有提供處理衝突的課程,請務必考慮參加。社區大學或許

有類似課程，你也可以在線上找找。市面上也有不錯的書籍，請見「額外資源」段落。

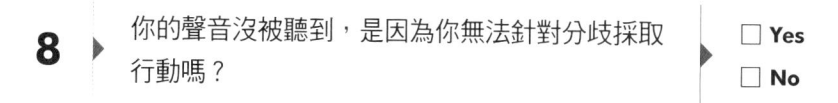

8 ▸ 你的聲音沒被聽到，是因為你無法針對分歧採取行動嗎？　▸ ☐ Yes ☐ No

若是如此，你必須意識到人們會在沒有你的狀況下做出決策。而在那一刻，你就失去抱怨的權利了。希望這會鼓勵你勇於說出自身想法。

9 ▸ 你是主管嗎？　▸ ☐ Yes ☐ No

處理衝突是你職位的必備技能。如果你經常在員工不合或與同儕分歧時逃避，或許你的行為早已被注意到，而且是留下負面形象。最好可以透過訓練與／或指導來培養解決衝突的技能。

CATEGORY 22

妥協專家
The Let's Make a Deal

　　我們之所以依賴調解人，是因為他們擁有解開溝通與迅速應對分歧的能力。他們是外交官與談判專家，具備辨識共同利益的寶貴技能。他們不會抑制不合，而是為充分揭露問題與維持禮貌提供平台。

　　相反的，也有些人對衝突感到不舒服，以至於將其藏在檯面下，或迅速促成協議以終結不適。儘管他們可能希望壓制住強烈的情緒，但幾乎無法成功。衝突會在檯面下醞釀，且往往帶來更大的傷害。有時你必須在找到有建設性的解決方案前，先完全公開分歧。然而人們卻期盼在任何場合都「和平相處」，這反而會帶來損害。

　　對有些人說，驅使他們制止分歧的是習慣而非不適。我們經常使用妥協（互相遷就）當作策略，這在時間有限時是可實施的選項。但每天拿來處理小問題的方法，在下重要決策時或許就不夠有效了。當你花更多時間探討問題，就也愈可能透過共識找到更好且持久的結果。

在某些人希望快速壓制不同的聲音時,你或許會注意到:

• 他們會過度殷勤,讓每個人都「很和善」,並結束不合。

• 當他們聽到激勤的聲音時就會感到恐慌,即使你認為自己只是在活絡地討論,且毫無衝突。

• 他們對友善的需求可能導致他們在不需要的時候介入,給人打擾或自以為高人一等的感覺。

• 即使不需要,他們也會急著想妥協。

• 他們太急於找到人們意見之間的平衡點,以至於你從未聽過他們的想法。

STORY

清道夫雅各

在我的衝突工作坊結束後,有兩位參加者過來找我討論他們的老闆雅各。馬蒂與泰勒問我,該如何應付一個完全無法忍受小小分歧的老闆。

每當他無意間聽到同事熱烈討論,就會衝去讓整個場面安靜下來。他的第一句話總是:「沒什麼事需要這樣爭論」。

員工覺得雅各的行為就像家長突然介入吵架的孩子一般,他們覺得沒必要又羞辱人。他們還舉了一個例子,他們兩人當時正在做

軟體執行，並熱烈討論潛在的不相容問題。他們對前進的方向意見不同。泰勒堅持要做更多研究，畢竟這些問題很難完全清理。馬丁則認為該人氣軟體的廠商已將所有問題都記錄下來了。泰勒才剛開始建議可找其他公司的同事詢問經驗，雅各就介入打斷。

他用一貫的開場白：「沒什麼事是需要這樣爭論的」。當他們開始告知雅各問題所在，他就直接打斷，並提出不適當的解決方案，為他認為的分歧下結論。當泰勒與馬丁都建議可以尋求同業的建議時，雅各就打退堂鼓了。這替代方案不差，但雅各沒意識到的是，他們寧願隨便亂說也想趕快把他打發掉。

馬丁與泰勒覺得雅各經常性的干預十分令人窒息。他們（以及其他員工）覺得困擾的點在於，他們希望能在會議中進行健康的辯論，這樣才能聽到所有意見。但一旦聲音變得激烈，雅各就會用妥協或自發提出（且通常令人困惑）的決定來終結討論。

泰勒與馬丁希望我能強迫他們的老闆參加衝突課程。如果可以指定自己的老闆參加訓練，我想應該每場講座都爆滿吧。但相反的，我問他們其中一人能否聯繫雅各。

泰勒自願了。我建議她說，就她的意見來看，他們的團隊已經老練到足以用辯論風格來探討問題的解決方法。如果人們可以自由討論各種解決方案的優缺點，至少較能在試驗基礎上得到團體中所有人都同意的某一方向的共識。既然所有員工都必須執行這些決

策,「大家皆有所有權」應該不無道理。那麼雅各怎麼想呢?

若雅各認為這個主意不錯,他們就可討論出個模式進行。假使雅各認為風險太大,泰勒也可以請他觀摩她其中一場與馬丁使用該方法討論的會議。

後來聽說,雅各同意了較保守的選項。雅各觀察了某場會議,儘管他並不習慣這種激烈的討論,卻感到相當驚艷。達成一致結果後,雅各說自己或許可在某場員工會議上嘗試辯論風格的討論。泰勒與馬丁很快就站出來表示自願促成。

如何應付妥協專家

• 請考慮到對方對於分歧的低容忍度。如果那個妥協專家因為不喜歡聲音提高而嘗試中斷對話,代表他們難以忍受衝突。假如他們打斷了一場有價值的對話,你可以試著說:「我們不是在吵架,而且很樂意繼續,如果你希望離開可以先離開沒關係。」

• 吸引他們以達到長久的解決方案。如果這個人希望快點下結論,並過早打斷問題解決過程,你可說:「如果我們現在多花幾分鐘,之後就不用再討論這個了。」讓他們加入對話。

• 請用各種方法來度過難關。如果你遇到的妥協專家是老闆,

對不同意見幾乎零容忍,且總快速介入以終結他們認定的爭議,你的團隊或許需要在一對一的對話中好好表達自我(若團隊成員意見一致會頗有幫助),或者你可以將意見寫在電子郵件中,要求晚點討論,讓他們有時間在回應前先沉思與冷靜。

- **請考慮雇用協調員。**如果你的團隊真的需要探討一個具爭議性的主題,而你的老闆不情願當主持人(或拒絕承接該主題),你可以建議從人力資源部門尋找協調員,或詢問其他主管來主持。

- **決定最佳策略。**如果你的團隊太快妥協,且因為太多權衡而導致最後的解決方案略顯無力,不妨質疑這是否為該狀況最佳的決策選項。或許個人選擇、共識(我們都同意支持某一決定)或投票等可產生效果。

自我覺察:你可能是妥協專家嗎?

請針對以下問題回答是或否。若你回答是,請看以下問題的建議。

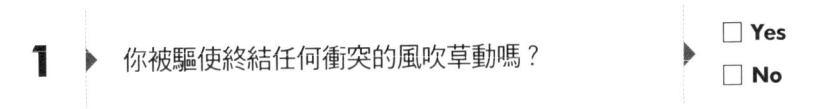

1 ▶ 你被驅使終結任何衝突的風吹草動嗎?　　☐ Yes ☐ No

「介入以維持禮貌場面」與「因為你的焦慮而貿然中止爭論」是不一樣的。如果你的行為受恐懼驅使,可以使用這章當中「躲避

球高手」的章節段落當中提到的壓力工具。

具體來說,請辨別出促使你行動的刺激點,以及注意到自己在內心如何評斷該狀況。如果你能多加意識到自己進入「警戒區」的瞬間,就會知道什麼時候要克制自己。你的目標是在感覺不舒服時,能根據理由做決定或行動,而非輕率介入。

2 ▶ 你會在人們嘗試得出結論時介入並「息事寧人」嗎? ▶ ☐ Yes ☐ No

請你給他們機會自行解決。如果你中斷,就等於是在他們有機會自我表達前就打亂他們。然而,若大家在辱罵或責備攻擊對方,請盡量介入以維持場面禮貌。

3 ▶ 你成長於一個不能激動或表達不同意的家庭嗎? ▶ ☐ Yes ☐ No

你或許需要學習如何「讓它去吧」,而不是試著衝去解救。這會需要你注意到自己介入的渴望。這時請深呼吸,讓身體放鬆,告訴自己是安全的,你不需要行動。

4 ▶ 你的經驗告訴你所有的衝突結果都會導致不可彌補的關係損害嗎? ▶ ☐ Yes ☐ No

聯繫會被斬斷多半是因為該爭論自然演變為針對個人所致。許

多工作上的衝突會因三種問題而起――角色（誰該做什麼）、目標（優先順序），以及如何讓工作完成（方法或過程）。看你能不能辨識出衝突的潛在來源，這樣就不會將它視為針對你個人。

5 ▶ 你認識彼此意見分歧，但關係卻仍不錯的人嗎？　　▶ ☐ Yes ☐ No

請觀察他們在有分歧時、達成共識後或認知彼此意見不合時如何互動。相信你可以從他們身上學到東西。

6 ▶ 你有注意到妥協以外可以終結衝突的其他選項嗎？　　▶ ☐ Yes ☐ No

妥協是其中一個選項，但在你需要一個持久或更權宜的解決方案時，或許不是最佳答案。你可以透過課程、訓練、諮詢或閱讀（請見額外資源）來增加自己的衝突解決工具。你必須練習才能精煉，因此請不要灰心。

Key Points

總結一下

應付衝突討厭鬼

- **隨時做好準備**。對方愈具攻擊性，在給予回饋時愈可能收到具防禦性的回應。不要害怕，準備好應付他們的怒吼即可。他們或許還是會更正自己的行為，所以可稍微留意一下。

- **參與正向的對話，以建立融洽的人際關係**。有些人會藉著八卦與同事建立連結。當你還是新人時，會很高興被接納，並讓人們跟你吐露其他同事的事情。但你可能會忽略參與八卦文化的有害程度，因此請盡量避免。

- **請跟八卦說不**。你可以說「我知道你沒那意思，但你這樣傳其他同事的事情，他們可能會不高興」等較緩和的回饋。

- **懂你自己**。有些人天生就是較喜怒無常（還記得無能討厭鬼章節「惱人的無能主管」段落中的主管伊凡嗎？）。如果這是一種文化或家庭準則，你或許得記得在工作時要降低音量。每個人不盡相同，但有一些行為是可以被接受的，而極端的行動則需要被約束。

- **請當好榜樣**。想要逃跑或希望快速解決分歧的人，或許需要有人跟他們確保，分歧是可以導向有建設性的結果的。如果他們只

看到人際關係毀損，更會加深這種慣性反應。請確保你展現出具建設性的衝突解決策略。

　　• **請考慮訓練或輔導。**並非所有人都是在有處理衝突的正面例子下成長。你與你的團隊可透過針對如何提出不同見解並達到正面結果的指導或訓練獲益。請與人力資源部門溝通課程和會議協調人。

　　• **請遵守並釐清團體準則。**團體準則可以幫助所有人理解一起工作時如何處理分歧、溝通與其他重要問題。如果你是主管，請確保你有討論到這部分。如果你是員工，且準則不夠清楚時，請要求你的主管跟全團隊一起處理該內容。

Chapter 06

可憐討厭鬼

The Poor Me Jerk

這章要探討的是那些覺得無助或任他人擺布的人類。受害者心理並非由實際狀況而定。有些人認為自己身處情況不友善、有危險，但卻也有身處相同情況的人不那麼認為。有些人看似具備所需的一切，卻受麻痺的恐懼所苦，或是認定自己對生活毫無用處。

信念與環境的影響各有多大？有些人的確活在一個有限或危險的世界之中。他們的態度不會改變事實，卻可以改變經驗。

職場上，我們無法簡單計算並辨識出可控制與不可控制的因素。感覺（或真的）無權力或恐慌的同事會為其他同事帶來挑戰。我們也知道，不論個人與企業層面，歧視並非只是信念，而是確實存在。而這些認為自己被邊緣化的人做出的投訴，很可能被承認有效。

我們將在這章探討以下工作時的無助經驗：
- **瑟瑟發抖小可憐**（我很害怕！）
- **人生不公平代表**（沒一件事是好的……）
- **職場媽寶**（請再幫我一次）
- **牢騷隊長**（這裡也有問題）

CATEGORY 23 瑟瑟發抖小可憐
The Quaking-in-Their-Boots

　　過度恐懼的員工可能會帶來許多麻煩，因為他們有消極的傾向，且害怕引起他人注意。你可以想像面試對他們有多困難。他們可能有很多可以呈現的優點，但你永遠無法得知，因為他們會有意識地將自己融入於背景之中。

　　你可透過以下特質辨識出這類型的討厭鬼：

　　• 他們會以因應機制避開工作中令人恐懼的部分。好比規律性地請他人做他們害怕的工作，並表示自己不擅長該內容。

　　• 他們的焦慮程度可從面對恐懼時變得極端、甚至失去行動能力，到可實際進行該工作，但總為粗糙品質找藉口等等。

　　• 他們會忽略該技能對自己工作的重要性。好比「在會議中開口對我的工作來說不重要」。

　　• 他們會將擔憂轉為過度狂熱的準備過程，導致實際上破壞了自己表現的能力。例如，熬夜準備簡報、執著於難懂的細節，或是

在視覺上花太多時間,導致實際演說練習不足。

- 他們或許會嘗試做害怕的工作,好比促銷電話,卻(在緊張的情況下)表現太差,更加強了認定自己無能且確實值得害怕的信念。
- 他們或許樂於與自身職涯的負面後果共存,而非處理問題。

STORY

哽咽的謝拉

賈馬爾問我是否願意訓練他的員工謝拉。他說她實在太過膽小,以至於如果他在員工會議點到她,她會直接離開會議室。謝拉用傑出的技能制定了不同團隊所需的書面規範,但需由她自己在各個團隊面前報告呈現。賈馬爾知道假如自己強迫她在同事面前演說,她很可能會辭職。他問我能不能幫助謝拉克服對公開演說的恐懼。他的最終目標是希望她能在團隊會議中說明專案的更新事項。我提醒賈馬爾,謝拉必須要願意參與這項作業。如果她願意,我們就可以小步地開始前進,而這可能會花上一些時間。

謝拉在指定時間出現在我的辦公室,但她並沒有敲門。她站在走廊上,像等著被叫進校長辦公室似的。面對她的緊張與幾乎聽不

見的聲音,我好像一隻吵到不行的大象。她的手在發抖,而且經常把視線轉到桌子上。

當我問謝拉希望從我們共度的時光中得到什麼時,她沒給我答案。她是被老闆送過來的,也不想讓他失望,或讓自己陷入麻煩之中。她知道賈馬爾希望她報告,這讓她覺得很驚恐。她熱淚盈眶要我轉達他,她做不到,他要求的太多了。只要一想到自己在眾人面前說話,她就覺得前額跟上唇在冒汗。

我換個話題,詢問她的職涯夢想。她說希望自己能領導一項計畫,而非管理員工。根據賈馬爾對她工作的評價,聽起來並無不可能。但她仍需要將自己的計畫呈現給他人,她自己也知道吧?

她點頭。我問她願不願意打破這層障礙,還是希望它會自己好起來。她真心希望問題會自行解決,但也知道不可能。她在職場上更上一層樓的渴望正與恐懼鬥爭。就個人來說,我擔心謝拉的焦慮已經超越我們能一起克服的範圍,並考慮是否應該建議她去看醫生尋求額外協助。

幸運的是,之後再與謝拉會面時,我們專注在她的專業領域,她也變得較為冷靜跟自信。她讓我看了她寫的規範的幾個重點說明。我們一起將它發展成兩分鐘的簡報草稿。她讀了幾次給我聽,之後便建立了重點大綱,以減少自己對筆記的依賴。我請她嘗試跟家人練習演說。

謝拉持續拓展並練習自己的簡報。不到幾個月,她就能在賈馬爾面前上演十分鐘的演說,並最終能在團隊面前報告。每次都大獲盛讚,這也讓她的信心無限擴張。

最終,謝拉報名了公司的公開演說課程,以進一步地消除她的恐懼。謝拉自己與賈馬爾都對她的進步感到開心,並認為她已經準備好申請專案經理的職缺。

同事如何應付瑟瑟發抖小可憐

- 把話說開來。大家通常會第一個注意到同事在某項工作上缺乏能力(或不願意做),因為他們都得在最後撿爛攤子。如果你是那個承受重擔的同事,請問你那不情願的組員需不需要額外訓練。如果你可以提供,那很好,但也可以請他直接去找主管尋求協助。如果仍拒絕履行該義務,請讓對方知道你無法繼續再幫他做工作。若狀況持續,請跟你的主管談談。

主管如何應付瑟瑟發抖小可憐

- 詢問對方為什麼不想做該工作。若該工作需要技能,請釐清期望績效。提供他們需要的協助,以增進熟練度。如果沒有強制,你可以根據能力分配工作。但請注意已有工作的人會否因此而工作

超量。

- **在問題中認清自己的角色。**如果你在不清楚職缺需求包括該義務的情況下就雇用,那就是你的疏失。你必須幫助員工找到彼此能接受的解決方案。
- **建議額外幫助。**你可以推薦你那瑟瑟發抖小可憐從醫療人員或諮商師那尋求額外協助。
- 如果你有針對某人的職涯規畫,對方卻無此計畫時,請質疑你自己的動機。鼓勵他人成長是好事,但那終究是他們的人生與職場。

自我覺察:你可能是瑟瑟發抖小可憐嗎?

請針對以下問題回答是或否。若你回答是,請看以下問題的建議。

1 ▶ 你害怕工作中的某些部分嗎?　　▶ ☐ Yes ☐ No

釐清你害怕的東西跟原因。接著就是冒著風險跟你的主管對話。假裝、說謊或轉移注意力等,長期來看都不是好主意。期待同事幫你收拾攤子對他們來說也不公平。也許訓練或練習才能幫助你戰勝該挑戰。

2 ▶ 即使知道自己做不到，你還是會說可以嗎（或是希望自己可以，但意識到不行）？　▶ ☐ Yes ☐ No

若是如此，你就必須跟主管協商。假如這是該工作的關鍵部分，或許就得另尋職缺。

3 ▶ 這項關鍵工作是否沒有在一開始描述的工作範圍或面試時透露？　▶ ☐ Yes ☐ No

如果你知道就不會接受該職位的話，那麼老闆就有責任幫忙解決問題。「指定的其他工作」應為較小職能或隨時間產生不可避免的變化，而非你未具備或未準備完善的主要工作。

4 ▶ 該職缺要求是否隨著時間持續改變，甚至包括你不清楚如何處理的工作？　▶ ☐ Yes ☐ No

若是如此，請要求訓練。請在無能討厭鬼章節中「無知、無能又使人受苦的靈魂」段落參考更多內容。

5 ▶ 你會出於恐懼而限制自己的職涯選項嗎（好比在眾人面前說話）？　▶ ☐ Yes ☐ No

請了解到很多方法可以協助這部分，好比冥想等等。希望你可以透過訓練、諮商、課程、互助協會或線上影片等尋求幫助。如果焦慮限制了工作選項，你理應靠自己來擺脫束縛。

CATEGORY 24 人生不公平代表
The Why Me？

　　這類討厭鬼總愛發牢騷，好比我總是無法晉升、我被忽略、我無法休息等等等。會感覺如此無助的人總假設其他人拿到較多好處。他們視這個世界為零和遊戲，即有更多錢／技能／才華／知識／教育的人會減少成為這類討厭鬼的機會。人生不公平代表們總是既羨慕又忌妒，這種滲透般的信念會從早期就開始，且難以動搖。這類狀態有種不可改變性（「事情就是這樣」）與被動性（「就結果來說，我無能為力」）。當覺得生命不公平時，每個人都走得艱辛。但人生不公平代表的受害者心理並非暫時的，而是一種持續的人物誌。

　　你可以透過以下特質辨識出這類型的討厭鬼：
・他們會指出「他人」是自己受苦的原因。
・他們不夠相信自己，以至於不會尋求教育、訓練、證照或輔導等來讓自己前進。

- 他們總是覺得「不可能」，並重複相同的模式。
- 他們對自我覺察沒什麼興趣。在某個傷害自尊的事件發生後，他們可能會問「為什麼會發生這種事？」，但這份脆弱會非常短暫，不久他們又會繼續責怪他人。
- 他們渴望特別，並試圖透過摧毀他人名譽來增加自己受歡迎的程度。他們會利用批評、八卦或謊言「詆毀」他人，讓自己有所「收穫」。
- 他們可能會對工作、地方、國家或世界的狀況吐出尖酸刻薄的話語，彷彿這樣就是在解決問題。

STORY

哀號的溫蒂

　　幾年前，一位熟人把我介紹給溫蒂，之後我們便定期會面。我欣賞溫蒂的思維跟幽默，但她經常把自己當受害者的行為讓人十分厭煩。她的條件其實很有利，但卻不會往好處想，總是在抱怨，覺得什麼都不夠。金錢是她最關注的，她卻經常處於財務危機的邊緣。最終，她的恐懼太過巨大，使得自己放棄生意、另覓工作。

　　在從事諮詢服務前，溫蒂曾因為糟糕的老闆而離開一份全職工作。不管去哪，她的主管都很糟糕，而你也不會對此感到驚訝。下

一份工作也沒什麼變化。她之前曾與該主管是同事,並認為對方很不錯。然而幾週後,老掉牙的哀號又開始了——我不被看重、其他人都被認可就我沒有、沒人願意跟我說話、我被差別待遇、我不知道自己做得如何因為老闆都不告訴我、我的薪水不夠、其他人拿得比較多。你懂的。

由於缺乏安全感,她讓人非常頭痛。再多稱讚都不夠,她希望是最被喜愛的那個。

她希望別人把自己納入其中,卻什麼都不做,就期望他人友善相待。她對關懷的需求變成捕蠅紙上的那層膠。難怪同事都對她敬而遠之。

最終,溫蒂日漸增長的焦慮造就她最害怕的結果——她被解雇了。她對老闆來說成了一隻陰晴不定的水蛭,同事也拿她沒辦法。儘管她在職涯中不斷重複這段戲碼,卻仍對自己造就的結果一無所知。

不管在工作場合或任何地方,你都很難跟這種人當朋友。畢竟一方想要(或需求)的永遠更多,而非相互的關係。

同事如何應付人生不公平代表

請認知到你正在與某人對自己與世界的基本信念對抗。信念

是設立讓生活正常運作的規則,所以要挑戰是很困難的(但並非不可能)。你無法改變他人的思維,但可幫助他們重新考慮自己的想法。

以下是一些建議:

• **陳述信念**。這類聲音可能長時間在腦子裡打轉,導致他們完全沒有察覺。你可以根據他們所說的內容,大聲說出以下信念:「聽起來你覺得在你這個年紀不值得完成教育」。他們或許在聽到自己的信念後會大吃一驚。

• **舉出相反的證據**。「麗絲剛拿到學位,而且她比你年長。」對方或許會回答「對,但是⋯⋯」,接著滔滔不絕表示為什麼麗絲較特別,但你至少可以試一試。

• **你可以問:「你為什麼覺得是這樣?」這會讓他們解釋信念背後的根本原因**。當然,你不需要理解,但他們需要。有時他們說的內容太過愚蠢,以至於他們自己也會停下來重新思考。

• **思考你願意投資這個人的程度**。你被他們榨乾(或沒到榨乾)的程度取決於你可以使用的能量大小。

• **試著為你們的互動建立參數**。例如,你可以設定時間限制,決定聆聽他們冗長的工作問題到什麼程度。你可說:「溫蒂,你還可以再說老闆有多爛五分鐘。計時⋯⋯開始!」但可別對你需要重提這些「規則」的頻率感到訝異。

主管如何應付人生不公平代表

- 檢視上述給同事的指引，看有沒有可以套用在你情況的部分。
- 建立你可以、願意或嘗試滿足他們需要的指南。即使你可以持續提供稱讚或保證，仍不夠彌補他們缺乏安全感的事實。
- 協助他們認出表明他們做得很好的暗示，這樣他們就可以在沒有你的情況下自行鼓勵。

自我覺察：你可能是人生不公平代表嗎？

請針對以下問題回答是或否。若你回答是，請看以下問題的建議。

1 ▶ 你覺得自己總是受到不公平的待遇嗎？　　▶ ☐ Yes ☐ No

生命可能不公平，但事情本來就有好有壞。如果你忌妒他人並總專注在他們的成功上，可能就會忽略掉他們路上也曾遇到的挑戰。

2 ▶ 抱怨或責怪他人已經成為你對話內容的大部分了嗎？　　▶ ☐ Yes ☐ No

你必須意識到這對他人來說很單調乏味。除了你遇到的慘事之外，你也可以藉談論書籍、電影、食物、時事等來拓展自己的對話

內容。

3 ▶ 你會傷害同事，以讓你自己感覺良好，或顯得比他們更有能力／才華／才能嗎？　☐ Yes ☐ No

這不只會被人看穿，同時也限制你的職涯發展。如果你的自尊會造成麻煩，我強烈建議你尋求諮商。

4 ▶ 總是有一位同事是你受苦的主因嗎？　☐ Yes ☐ No

試著問你自己有點不太舒服的問題：「我在這些情況中扮演什麼角色？」事實上，你正是這些問題狀況中固定存在的要素。至少表面上，大部分人在大多時候都與同事相處愉快。

5 ▶ 你有發現自己很會抱怨嗎？　☐ Yes ☐ No

這將非常限制你的工作機會。如果這是習慣，我建議你打破這種習慣。請參考問題2的建議，並找其他話題聊聊。改變習慣需要時間，請堅持下去。

6 ▶ 你是否忽視他人指出你可能是問題？　☐ Yes ☐ No

你甚至可能在某個特定的悲慘事件結束後要求回饋，但你是真的想要回饋，還是想確認你做的是對的？當你與為自己行為提供意見的人爭論或粗暴對待他們時，他們就很難在未來繼續對你誠實。如果有人非常關心你，甚至警告你的行為會限制住你的話，請心存感激並安靜聆聽。

7 ▶ 你習慣責備他人，並視自己為受害者嗎？　▶ ☐ Yes ☐ No

　　希望你可以考慮尋求諮商，協助自己探討這些問題，以對他人觀點呈開放的態度。

CATEGORY 25 職場媽寶
The Take Care of Me

　　有些人會期待他人照顧，並相信他人必定伸出援手，因為確實如此。我有時候會懷疑，他們是不是家中的老么，然後不斷對兄弟姐妹說：「我是老么餒！」。不知怎地，我們其他人因古怪行為而產生的後果不會發生在他們身上。他們也不會注意到這有多幸運，因為一切理所當然。就像布蘭奇・杜波依斯（Blanche DuBois）在田納西・威廉斯（Tennessee Williams）的《慾望街車》（A Streetcar Named Desire）裡所說：「我一直依賴著陌生人的善意」。

　　這種同事會在工作時頻繁尋求協助（但願他帶著些許奉承的微笑）。我們都可能在各種場合尋求幫助，差別在於他們的要求是習慣性的，且已假設你會參與其中。他們始終不記得如何做應該已需熟練的內容，而找你顯然比搞清楚或去查詢更簡單得多。他們楚楚可憐的樣子讓你不得不協助，或是對方過於友善或充滿感謝，以至於你一次又一次地援救。有時你會筋疲力盡，希望他們快點學會如何將紙放進影印機，或懂得記錄他們被公司付錢請來統整的數字。

你或許可透過以下一個或多個特質認出這類討厭鬼：

• 他們或許完全沒注意到自己一而再的要求是種負擔，特別是當這已成為他們大半輩子的模式時，且總是有人會設法拯救他們。

• 他們會崩潰大哭或呈現無助的樣貌，期待被拯救。操控他人有程度上的區分。而這類職場媽寶討厭鬼並不是非常吸引人。

• 他們在學習上可能有困難。或許他們從來就沒有以自己可學會的方式被教育。

• 他們或許並不適任。

• 他們或許擁有其他所需的卓越技能，因此缺乏的部分不是那麼重要（除非必須去替補的是你）。

> STORY

安逸的克里斯

凱頓斯在一門應付難搞之人的課程後來找我談話。她的問題不在於同事克里斯個性很差，而是她發現自己會固定幫忙他工作中的文書部分。大部分時間都還好，因為她喜歡寫作，但也有些時候她並不喜歡這個額外的負擔。但克里斯就是認定她會幫忙。

凱頓斯好奇，既然模式已經建立，她是否能跟他改變「規則」。我問她想要什麼，她說希望克里斯能帶走一些落在她身上的工

作。但她有沒有勇氣開口？後來她做到了。有時釐清自己真正想要的，能夠帶來完全不同的結果。

我後來收到凱頓斯的郵件，她表示自己已跟克里斯談過，而他願意在研究上多花功夫，她則負責寫作，這可充分發揮兩人的優勢。他也為自己沒意識到加諸在她身上的部分道歉。

如何應付職場媽寶

- 若可能，請做出改變。如果你頻繁被要求為他們做同樣的事，有沒有可能像凱頓斯跟克里斯那樣交換利益？
- 讓他們依靠提示。如果他們不常做這個工作，請確保他們建立了學習輔助內容，好在未來自行記住。
- 當他們自己來時，請給予稱讚。有些人吝於給予稱讚，因為認為「他們本來就該做了！」。然而，人們需要重複被給予正面評論的行為。你希望他們持續有好表現嗎？請善用稱讚。即使簡單如：「你做到了！」也有其功效（但只在語調充滿誠意時有用！）。
- 請注意你在他們的無助中所扮演的角色。如果他們在完成任務上太慢或缺乏技能，你會不會因無法忍受而接手？若是，代表你也是共犯。請停止這個行為，並開始教他們，或禮貌性地做做就好。
- 請展現品質給他們看，讓他們可將生產力提高到另一個層

次。你可以想像成家人在清潔上沒有達到你的標準，於是展現你認為的「清潔」為何。但若某人正在吸地板或洗碗，而你卻一直嘰嘰喳喳，甚至將東西從他們手中搶走自己來，等於是搬石頭砸自己的腳。

自我察覺：你可能是職場媽寶嗎？

請針對以下問題回答是或否。若你回答是，請看以下問題的建議。

1 ▸ 你可以從描述中認出自己嗎？　　　　▸ ☐ Yes ☐ No

若是如此，代表你有意識到自己頻繁要求他人做你的工作。你是否身處不符資格的職位？你是否不願意花時間學習？如果你希望留在該職位，請要求你的老闆給予更多訓練，並精煉需要的技能。

2 ▸ 你希望有人可以做你工作中不想做的部分嗎？　▸ ☐ Yes ☐ No

說實在的，誰不想呢？！不過這樣是不公平的。你團隊的其他人都在做了，你也可以。

3 ▶ 雖然你沒有做全部的工作，但是否有特別技能與出色表現，讓主管願意忽略你沒在做的事？ ▶ ☐ Yes ☐ No

若情況如此，請要求更新你的職位定位，以反映現實。且必須跟同事解釋你的新職位，這樣他們在注意到你略過他們仍需履行的義務時，才不會提出質疑。

26 牢騷隊長
The Complainers

　　我相信總會有人耍孩子脾氣,並用「怎麼又是晴天啊?」之類的態度來面對新的一天。就連他們最和善的評論都聽起來像在抱怨,問題可能來自語調、用字與具防禦性的姿勢等等。當他們習慣性將訊息包裝的令人如此反感時,你很容易直接忽略、爭吵,或是避開他們。然而有時他們的確有重要的事情要說,我們卻錯過了。

　　你也很容易忽略讓人為難的抱怨,因為問題太困難,以至於無法補救,或是你沒有權力或知識做任何處理,或已經過於廣泛,抑或包含你不想知道或承認關於你的事情等,各式各樣的原因。由於令人不快,我們甚至可能無法意識到對方提出了問題。也可能我們聽到了,卻希望把一切歸因於是這個有勇氣說出的人個性太難搞。

　　以下是一些可能被忽略但直得重視的合理抱怨:
* 他說無法前進是因為情況不利於自己。這可能是真的,在個人或一群人之中都存在歧視。你的公司在雇用與晉升時是否不帶偏

見？大部分的交響樂團會在試音時避免歧視性的行為。他們會讓候選的音樂人處在簾幕或螢幕之後，讓錄取委員只能根據其能力進行評估。

- **抱怨他們總是在晉升中被忽略。**這可能是對期望的溝通與績效回饋不足。不符合資格的人會渴望並期待晉升，卻不懂自己為何無法如願以償。當我們不清楚何謂「具備資格」，並感覺自己從未被給予機會時，就會將自己與他人不同的地方（好比性別、種族、族群、年齡等）視為輸掉的原因。主管必須清楚需要熟練度的特定技能／工作，以及晉升需要的經驗程度。

- **有關不合理工作需求的抱怨。**你會假設在你之下的人都得受苦並付出跟你一樣的代價嗎？我們會期待員工有足夠的經驗勝任角色，但若因自己曾有類似的受辱過程，就期待對方受盡折磨，就又是另一回事了。好比說，如果一位女性為了拿到領導職位而必須一週工作六十個小時（導致錯過孩子的童年），就期待她的年輕同事也做一樣的事，其實並不合理。如果這在過去是錯的，放在現在也必然是錯的。

如何應付牢騷隊長

- **問自己他們是正確的嗎？**質疑自己的偏見並觀察企業盛行的文化是良好的。如果其中有不法的行為，就必須上報給適合的當權者。

- **請決定應對方法。**如果是對每件事情都有意見的常見抱怨

者，可在高鐵、葬禮列車章節尋求建議。愛發牢騷？這章的「人生不公平代表」段落或許可以為你帶來幫助。老闆過度批評？可參考無所不知討厭鬼章節中的「管太寬的主管」段落。

- **清楚溝通資格。**如果這個人抱怨缺乏工作機會才沒資格晉升，卻沒人告訴過他，最好可以跟他討論需求，以及如何獲得訓練或經驗，以成為可能的候選人。

- **試著（溫和地）誠實一點。**他們的職涯停滯不前（並對此發牢騷），是因為惱人性格所致嗎？他們的溝通方式讓人不願意聆聽他們說話嗎？這裡再次強調，最好分享你觀察到的，而非讓他們繼續誤以為這並非他們能控制的。你可以說：「我觀察到某件事會對你造成阻礙。你想聽嗎？」。對方可能說不，或者即使說好，也只表現出防禦性的反應（任何回饋都可能導致該情形發生）。但他們可能在之後思考你說的內容，並意識到自己在問題中需承擔的責任。

- **請擔任導師或提倡者。**如果你在體系中比那些抱怨自己無法前進的人更有權力，願意指導或提供可幫助他們的人的聯絡方式嗎？你願意提倡改變，好幫這些人發聲嗎？

自我覺察：你可能是牢騷隊長嗎？

請針對以下問題回答是或否。若你回答是，請看以下問題的建議。

1 ▶ 你的職涯停滯不前嗎？　　　　　　　▶ ☐ Yes ☐ No

　　即使害怕，也請試著學習造成你阻礙的內容。它可能是技術上的技能、經驗、溝通技巧、教育或訓練等。

　　也可能是某種不易察覺的行為，像是你對待人與問題的方式。請要求老闆誠實評估你應該做什麼才能晉升。也可以問正在做你渴望工作的人具備哪些條件。了解後才知道該如何前進。在沒有任何資訊的情況下，有很大的風險會被困在原地很久。

2 ▶ 你認為自己被歧視了嗎？　　　　　　▶ ☐ Yes ☐ No

　　若是如此，請從人力資源部門、你的工會、公平就業機會委員會或擅長勞資糾紛的律師尋求協助（請確保你清楚他們的服務收費）。

3 ▶ 你向管理階層反應的問題是否沒獲得回應？　▶ ☐ Yes ☐ No

　　有時比起你自己一人，與他人結成同盟較能有效處理系統性的問題。請看看有沒有可加入的同盟，以接近那些更有權力的人，來傳達你們的集體觀點。

4 ▶ 你只會抱怨嗎？　　　　　　　　　　　▶ ☐ Yes
　　　　　　　　　　　　　　　　　　　　　☐ No

　　提出有效方法比只提出問題就閃人要有幫助得多。好比說，如果你認為你或其他人在晉升時被排除在外，可要求主管上課，學習如何培養員工。或是請績效考核部門評估主管訓練員工晉升的能力。

5 ▶ 你在企業內有導師可以協助你聯絡單靠自己無法　　▶ ☐ Yes
　　　聯絡上的人嗎？　　　　　　　　　　　　　　　　☐ No

　　好的導師會給你回饋，也會告訴你為了晉升實際需具備的資格與該做的事情。請確保你有跟導師溝通清楚希望從他們那邊獲得的東西。

6 ▶ 你需要離開這個企業嗎？　　　　　　　▶ ☐ Yes
　　　　　　　　　　　　　　　　　　　　　☐ No

　　有時其他地方的工作或許能幫你一把。當你回來後，或許有機會申請到更高的職位。

7 ▶ 你願意指導威脅到你地位的人嗎？　　　▶ ☐ Yes
　　　　　　　　　　　　　　　　　　　　　☐ No

　　請慷慨地分享你得來不易的智慧，以協助系統運作。

Key Points

總結

應付可憐討厭鬼

- **注意自己幫助恐懼的人的限度**。深感恐懼的人需要的幫助可能遠超過你所能提供的，轉介外部的諮詢資源或許受益更多。

- **設立界線**。如果你因為他們害怕而被要求做他們的工作，請叫他們去找你的主管，並停止做他們的工作。如果你的主管要你撿去做，請嘗試協商負擔額外工作的補償、交易或機會，好比獎金等等。儘管你可能會被告知它屬於「其他被分配的工作」，這時請保持和善，並將你正面的貢獻記錄下來，以在下一次績效評估（performance review）中討論。

- **仔細聆聽**。將對方說的話統整下來的能力非常珍貴，甚至還可能協助他們釐清真正認為或相信的事情。

- **釐清自己聆聽某人抱怨的界線**。當你聽夠了，就打斷它。這個人來找你的頻率會取決於你有多願意聆聽他說話。如果你不清楚如何結束對話，請見自戀討厭鬼章節中如何應付「小劇場大師與說不停的長舌鬼」段落。

- **如果他們願意的話，請讓他們了解情況**。如果你認為這個人不清楚可幫助改善的資訊，問問自己願不願意提供知道的或可協助

的資源。

• 如果他們希望的話,可跟他們分享你的觀察。如果你有關於阻礙他們自身的行為的第一手資訊,請問問看他們想不想聽。如果答案為否,則不用說。

• 如果你身處協助他人職涯成長的職位,請慷慨地引導渴望成長的人。

Chapter **07**

惡作劇討厭鬼

幽默擁有療癒的力量，且會讓人產生連結。你還記得那些你與他人笑到哭的瞬間嗎？這類的歡鬧大多源自極端的共享經驗，或是發現各自都曾陷入類似的荒誕情形。

在工作場合中，有時我們會真的欣賞同事的幽默，有時卻也得咬緊牙關聆聽我們認為無趣又令人不快的笑話。如果你不熟悉這個人，就很難欣賞對方的妙語如珠，因為幽默大多代表我們自身的一部分。

我們不想將所有的趣事都從工作中排除，這樣太慘了對吧？只要多注意用字會對別人造成什麼影響即可。工作中異想天開的有趣評論能夠打破僵局，讓原先無法容忍的部分成為可能，且通常也會得到歡樂的回應。

儘管一個人的幽默可能無法達到預期效果，或甚至冒犯到人，但這章的重點不在於偶發的情況。如同本書談到的其他討厭鬼類型，我們在找的是一種隨時間顯現的行為模式。總之，我在這裡談的是最詆毀人的那種幽默（好比「你是男的，幹嘛做這種娘娘腔的工作？」），或是其他有迅速、清楚、負面陳述的露骨騷擾。

這章，我們將探討應付以下討厭鬼類型的策略：
- **雙關爛梗王**（過度使用雙關語）
- **笑點絕緣體**（不會察言觀色）
- **別當真專員**（試圖使人軟化？）
- **踩線高手**（說話帶刺）

CATEGORY 27

雙關爛梗王
The Punster Amongst Us

有些人會覺得自己在對話中做出貢獻的方式，就是插上幾句雙關語。他們會打斷對話說「我相信牙醫很懂『鑽頭』是怎麼一回事」，之後再一臉「我很聰明吧？」的樣子等人家奉承。除非你真的欣賞雙關語，否則這種事重複一整天會很夠你受的。當然，你也很可能面無表情地回應「很好笑」或「哈哈」，並試圖為一切做結尾，卻沒意識到更可怕的後果。

你可以透過以下辨識出雙關爛梗王：

• 他們總是有股發想的衝動。每次都早早在精神上離開對話，並試圖找到妙語發揮。除了打斷對話走向，也失去主線。

• 他們不需要足夠的鼓勵就能前行。只要有人注意都好，甚至連負面的評論也有幫助。

• 他們無法理解並非所有人都覺得雙關語充滿智慧。

• 他們沒有意識到一個稀有、適當的雙關語會比持續不斷的雙

關語更吸引觀眾。

STORY

保羅與他無聊的雙關語

　　索菲亞來找我討論一個她認為瑣碎卻十分擾人的問題。她的同事保羅超愛雙關語。他們每次討論工作時，他一定都會邊說「等等，我想到了」打斷對話，並講出有關剛剛討論內容的雙關語。索菲亞除了不喜歡這類的玩笑之外，也對偏離主題、被奪走完成工作的時間感到厭煩。如果久久才發生一次還可以忽略。但頻繁的次數已讓她難以忍受。

　　索菲亞並不希望自己被認為缺乏幽默。她希望跟保羅保持良好關係，她也的確喜歡他。我問她保持沉默有用嗎，也就是她已經在避開他了嗎？她說是。我建議是時候讓保羅知道，她其實並不欣賞這麼頻繁的雙關語，並期望在他停止對她這麼做。

　　幾週後，我在茶水間見到索菲亞。她告訴我不確定自己是否用了最適當的文字，但她在保羅某次說太多雙關語時厲聲說道：「你是認真的嗎，保羅？」當他問是否打擾到她，她就立刻意識到機會來了。後來她說：「我很喜歡你這個人，但你不斷的雙關語很令人厭煩！」保羅跟她道歉，表示自己不知情，並保證會低調一點。索菲亞說之後他

仍會偶爾開開玩笑，但沒那麼頻繁，因此尚可接受。

如何應付周遭那些雙關爛梗王

• 不要說「很好笑」或「哈哈」回應，這沒用。這點程度的注意力已足以讓他們繼續前行。

• 請嘗試直接的回饋。你可以說「我知道你覺得雙關語很有趣，但這樣會讓對話偏離主題，導致混亂」，或是「我發現你的雙關語有時會讓人分心」。

• 告知他們表現力不需如此豐富。如果你請他們停下，他們可能會說：「但我的思維就是這樣運作的啊！」這時你可以鼓勵他們把自己的妙語寫下來，並與更感興趣的觀眾分享，而非直接大聲說出來。許多線上的論壇都很喜歡這類的雙關語。

• 你可以試著說：「其實我不覺得雙關語有趣。」你或許沒有幸運到可以改變他們的整體行為，但可以改變他們在你身邊時的作為。

自我覺察：你可能是雙關爛梗王嗎？

請針對以下問題回答是或否。若你回答是，請看以下問題的建

議。

1 ▶ 你有注意到並不是所有人都喜歡雙關語嗎?　　☐ Yes ☐ No

請了解你的觀眾。如果你發現某人非常享受你的妙語如珠,請盡情發揮!但當對方只是在觀察,請適可而止。相信你可以從他們的臉部表情來判斷(以及「哈哈,就像我剛剛在說的……」等評論)。

2 ▶ 你覺得自己會透過雙關語向觀眾炫耀自己的智慧嗎?　　☐ Yes ☐ No

請注意,這個只對喜歡你幽默的人有用。如果你沒得到回應,或是回應普普,即代表你們不是同一掛的。

3 ▶ 你曾被告知你不停的雙關語不只略為干擾,而是非常擾人嗎?　　☐ Yes ☐ No

如果是這樣,請你停止。請將你最棒的素材留給那些願意享受的人。

CATEGORY 28 笑點絕緣體
The Tone-Deaf Humorist

　　我們探討了其他缺乏自我覺察的討厭鬼類型，而笑點絕緣體正是這類型中的佼佼者。他們看不出身處環境或觀眾的情境。這些人覺得只要自己認為有趣，其他人也勢必如此認為。他們並沒有惡意，儘管感覺像有。事實上，他們是缺乏對場合及對話者的判斷力。

　　你可以透過以下方式辨認出這類討厭鬼：

　　• 他們會在工作時講笑話，並嘲笑某類型的人（根據對方宗教、政治隸屬、性別、種族、年齡、文化等）。或是對性開玩笑，卻沒注意到自己冒犯到人。當別人沒反應或反應平平，可能就表示得更明顯，並說：「很好笑對吧？」。

　　• 反過來說，他們很容易就覺得自己受到冒犯。有些人認為，宣稱自己不受「政治正確」影響是一種榮耀。他們可能有也可能沒有偏見，重點在於不去迎合他們認為荒謬（我們其他人可能會視之為禮貌）的社會規則。

- 他們也可能真的種族歧視、性別歧視、同性戀歧視、仇外、或（自行填空），並透過「幽默」呈現。你可以在這章的「踩線高手」段落了解更多。

STORY

愛開玩笑的喬安

賓賀來找我，希望我能協助他的其中一名員工喬安。他已擔任部門的主管約三年，也認為自己對團隊的動態有一定掌握。他注意到喬安在午餐與咖啡休息時間時，經常被她的同事排除在外，並認為自己知道原因。

喬安一直針對衰老發表言論，然後開「歲月催人老」的玩笑。她每次結束慣例的脫口秀後，都會用一種心照不宣的眼神看向與她同世代的同儕，並說：「對吧？」。她同代的人其實並不喜歡喬安提到膀胱、失眠、消化疾病、膝關節炎，以及要在不在的頭髮等等。

賓賀不知該如何是好。喬安幾乎跟他媽同年紀，他覺得如果跟她談這個會顯得失禮。我問他希望達到什麼目標。他說希望喬安克制這些言論，並希望團隊的其他人能將她納入非正式的聚會中。他覺得同事情誼可以幫助團隊合作。

我問了賓賀兩個問題：

- 既然喬安沒意識到她的幽默並不被接受，若他什麼都不說，她又如何意識到？
- 如果一名員工已經惡名昭彰，即使有所改變，可能也難以扭轉形象。他是否認為自己的團隊會注意到不同，並給予喬安另一次機會？

賓賀說他並不確定員工會如何對待喬安的改變。他決定在實際動作之前，先多思考一番。

約一個月後，我偶然遇到賓賀，他告訴我一個絕佳的機會不請自來。在他們倆會議時，喬安又對自己「年邁」一事說了幾句。賓賀鼓起勇氣說：「我注意到妳談論自己年齡的方式，彷彿它會影響妳的工作表現似的。妳確實是這個意思嗎？」喬安坦白表示，她一直擔心會被認為不適合這份工作，所以她的笑話目的是在有人真的如此認為前先「自嘲一番」。賓賀分享自己的觀察，他認為喬安的同事並不覺得幽默，而這可能是他們排斥她的原因。

據賓賀所說，喬安在離開會議時面帶憂鬱。然而，她之後在工作上改變了行為舉止，顯然地，她深思熟慮了賓賀所說的話。賓賀說她開始比較會問有關對方的問題，也不再這麼常評論自己。幾週後，她跟同事之間的關係似乎也逐漸解凍。賓賀說他觀察到喬安開心地在去吃午餐的路上跟一群同事聊天。

如何應付笑點絕緣體

• **如果他們冒犯到人，請讓他們知道。**你甚至可以在相信對方無惡意的情況下說：「喬安，我相信你無意批評，但這對新人來說有點傷人」大部分的人都會道歉，或甚至有所警惕。

• **請清楚表達你的不滿。**如果他們回應如上述：「但是我就是這麼覺得啊」，請說你並不喜歡他們在工作時分享這些觀點。

• **如果被開玩笑的人要表達立場有些尷尬，你可以協助發聲。**若由某個非被貶低群體的人說話，他們或許聽得進去。假使一個單獨的（自行填空）提出，他們或許會認為對方「太敏感」而加以忽略。但當你不是被開玩笑的對象的一部分時，說起話來會格外有力。

• **請在必要時替他們道歉。**如果那位笑點絕緣體錯過為被冒犯的人彌補的時機，你可以自己點出來：「喬安錯過時機了。抱歉。」喬安可能會盯著你看，不過沒關係。

• **請私下跟他們談話。**如果你跟這位誤入歧途的幽默家很親近，請考慮進行實體對話，討論幽默如何在工作場合中發揮作用（或失去效用）。

• **請在需要時上報。**如果開的玩笑太過分，就需要報告給主管或人力資源知道。請見這章的「踩線高手」段落。

自我覺察：你可能是笑點絕緣體嗎？

請針對以下問題回答是或否。若你回答是，請看以下問題的建議。

1 ▸ 你會自嘲式的幽默嗎？　　　　　　　　　　▸ ☐ Yes ☐ No

你或許是在貶低自己，但若你跟喬安一樣，試圖將他人納入其中，就也等於是在貶低他們。大部分人並不喜歡自己被笑話貶低進某種特定分類。

2 ▸ 你覺得社會風俗變了，導致你覺得開自己也可接受的玩笑類型，已不再適合該職場？　　　　▸ ☐ Yes ☐ No

幽默的標準會隨時間演化，如果你的幽默已過時且會冒犯到人，還請留意。好比說，將人分類是不適當的，因此在你說出口前，請評估自己笑話的內容。你可以提到自己的家人或社群，而非群體，好比「我的蘇格蘭家族……」，而非「你知道蘇格蘭人……」。

3 ▸ 你的目標是用幽默挑釁嗎？　　　　　　　　▸ ☐ Yes ☐ No

請不要在職場上這樣做。不要自我防衛,當你冒犯到同事時請立即道歉。

4 ▶ 你認為特定群體「低人一等」,所以覺得把他們當笑柄也沒什麼關係嗎? ▶ ☐ Yes ☐ No

請避免將工作上的人當作笑柄。最好可以去認識你貶低群體的人。結果可能會頗具啟發性,甚至有機會改變你的人生。

29 別當真專員：「開玩笑的啦」

The Just Kidding

在句子結尾說「開個玩笑」，代表對方嘗試降低說的話帶來的影響力。你仍然清楚對方說了什麼，卻只被回了句「喔，別介意！」。而人們會多加這句的原因在於：

• 他們尖銳地批評你或他人，之後再說「只是開玩笑」，來表示「我是說了，但你應該要認為我不是故意的，這樣你才不會生氣，或覺得我很壞」。

• 他們會在權力與階級不等，且在傳達觀眾不喜歡的嚴肅資訊時，使用「只是開玩笑」。這是為了減緩對方反應，並避免自己陷入麻煩。

• 他們把這當作一種結尾自嘲的標誌。他們貶低自己，並用類似的標語假裝自己並非真的如此認為。讓你不禁懷疑起他們的自尊心。

• 這是他們笨拙地說「對不起」的方式。

- 這對他們來說是種習慣,因此他們可能沒意識到自己說了什麼。
- 他們用這來掩蓋威脅性的言論。有些人把這稱為被動攻擊。

> STORY

說「只是開玩笑」的肯恩

我在一場生日派對上遇到梅琳達,我跟她認識已有數年。聽說她在某社會服務機構擔任新的營運副總裁。我詢問狀況如何,她回說:「要不要先把酒杯填滿再繼續?」

梅琳達告訴我,她愛她的工作、團隊,以及組織使命。但在過去兩個月,她愈來愈覺得自己像是買了棟美麗的房子,結果發現隔壁鄰居有隻令人傷腦筋的小狗。我問那隻狗是誰,她回:「肯恩。」看起來她這位財務副總裁的同事有些問題。

在梅琳達上工第一天,肯恩就到她辦公室說:「妳大概就像那些喜歡幫倒忙的,發現我們地下室藏了很多黃金可以花吧。開玩笑的啦!歡迎來到瘋人院。」在接下來幾個月的會議中,梅琳達發現肯恩經常尖銳地評論管理團隊花費基金一事,然後通常會在句尾帶著微笑說:「開玩笑的啦。」

幾天前，肯恩跟管理階層報告每月財務狀況。他最後點出因為營運的關係，花費超過了預算。

肯恩在沒有詢問梅琳達為什麼當月超支的情況下，轉向她說：「我已經警告過妳，我們地下室沒這麼多黃金。這個地方沒有那麼不切實際，所以希望妳已經決定好要刪除的服務內容了。」現場一片寂靜。之後肯恩一如往常地說：「妳知道我在開玩笑吧？」

我問梅琳達總裁怎麼說。她說他們那討厭衝突的總裁瑪麗看起來很驚訝，但也沒對肯恩說什麼，之後便直接進到下一個議題。會議後，資訊科技副總裁跟梅琳達一起走回她的辦公室，告訴她每個人至少都當過肯恩的標靶一次以上。

梅琳達想跟肯恩直球對決，並尋求我的建議。她是不是也得跟瑪麗談談？我問她，為什麼瑪麗會願意忍受肯恩的行為？而她聽說，前任的財務副總裁沒有好好管理基金，導致組織的未來產生動搖。而肯恩是由某個董事會成員招募，他以把持底線聞名。據說他為了幫忙，減薪接受了該職位。之後如肯恩所承諾，他翻轉了一艘即將沉默的船，也因此備受稱讚。聽起來瑪麗很感激肯恩，且身處與董事會之間的政治困境。

我問梅琳達打算怎麼跟他說。她說希望建立一種期望，如果他對她或她的團隊績效有任何疑問，可以直接來找她，而不是在公開場合批評。我認為她的策略聽起來不錯，但肯恩未必會接受。

我推測,肯恩已將這些策略當作脅迫同僚符合預算合規性的一種方式了。我建議她可跟老闆瑪麗開場會議,以釐清費用許可差異。之後,如果梅琳達覺得自己已起了開端,可提出兩種建議。

第一,管理團隊的議程應包含主要項目的討論時間,好比預算等等。第二,如果管理團隊未曾建立準則,介不介意讓某位顧問跟他們一起處理這部分?梅琳達甚至有一串名單可提供。

幾週後,梅琳達打電話來感謝我。毫無意外地,她與肯恩的對話最後只換來:「這樣很好玩啊,不是嗎?」她則回覆:「我不覺得。請不要再這樣做了。」她曾小小期待他會改變,但至少自己有表達清楚了。另一方面,她跟瑪麗的會議進展十分順利。瑪麗似乎因為她建議帶顧問來增加管理團隊會議的成效而鬆了口氣。梅琳達對於日後的生產性抱持樂觀態度,並希望瑪麗能夠詢問顧問有關肯恩行為的建議。

如何應付別當真專員

• 如果那些帶刺的話是針對你,請直球對決。你可說「我覺得聽起來不像玩笑」或「那很傷人」或「聽起來好像是在威脅人」。最好可以私下進行。

- 大聲說出來。對方若說開玩笑，你可以快速回應：「是嗎？」，之後對方可能會說：「你說什麼？」。接著你就可以把注意力帶到對方使用該詞彙的習慣。

- 如果需要，可在公開場合回應。你可以說「我們見面談談吧」，讓大家都知道你注意到了，而你也不需在公開場合直接說開。

- 如果對方講的東西完全與幽默無關，可說：「這很嚴肅，並不有趣。」

- 如果太常發生，請直接點出只是開玩笑這句話中的「別介意」層面。你可以說：「聽起來當你想要收回說過的話時，會說『只是開玩笑』。你是這個意思嗎？」。或是聽起來像含蓄的批評時，你可以說：「你是不是說真的，然後希望『只是開玩笑』能讓語氣減緩一些？」

- 如果「只是開玩笑」已經變成他們的口頭禪，而且你認為這個人沒有聽到自己說什麼時，請問一下他們有沒有注意到自己經常說這句話。

- 如果他們在說了苛薄的話後加上「只是開玩笑」，你可以回說「呃！」或「哎呀，別這麼對我朋友！」

自我覺察：你可能是別當真專員嗎？

請針對以下問題回答是或否。若你回答是，請看以下問題的建

議。

1 ▸ 你是否深受什麼困擾,並希望透過「只是開玩笑」傳達? ▸ ☐ Yes ☐ No

如果你覺得這句話可以減緩嚴厲的批評,讓聽者認為你不是故意的,那你就錯了。比起說:「天啊,你中午是吃臭鮪魚當午餐嗎?開玩笑的啦!」不如說:「我知道你喜歡吃鮪魚三明治,但希望你不要覺得覺得被冒犯,因為那個強烈的氣味有點困擾到我。」

2 ▸ 你有理由讓你不想坦承自己的言論嗎? ▸ ☐ Yes ☐ No

「只是開玩笑」會讓人很困惑。如果其中有階級差異,而你又想指出重點,不一定要說「只是開玩笑」。可以試試「你可能不想聽到這個,但(我認為)」或「我能提出意見嗎?」,接著陳述你的想法。

3 ▸ 你說出的話不是你的本意嗎? ▸ ☐ Yes ☐ No

如果並非你的本意,你可以說:「抱歉,我不是那個意思。」而非:「只是開玩笑。」

4 ▶ 你會批評自己，然後再說「只是開玩笑的」嗎？　　☐ Yes ☐ No

請記住，你對自己說的話跟別人對你說的話一樣有力，有時甚至更具影響力。

5 ▶ 這是你的習慣嗎？　　☐ Yes ☐ No

請先練習你打算說的話，並在你打算說「只是開玩笑」前先停下來。

CATEGORY 30 踩線高手
The I'm Going to Get Under Your Skin Teasing

　　捉弄並非總是良性的。我們大部分人在孩童時期都曾被以捉弄之名行辱罵之實，而這些行為大多來自我們「親愛的」家庭。這類動機各不相同，有些可能是為了讓我們有自知之明，有些則可能是為了讓我們振作，或為了羞辱、惡意為之，或為展現權力（好比某個兄弟姊妹要展示你無法控制他們說什麼）。

　　捉弄其實也包含玩笑。這些舉動的目的在於得到一些意料之外或荒謬的反應。而透過將某個同事的家具包進氣泡布後刺激出來的回應，會讓你知道這種玩笑屬於卑劣、有趣，還是兩者之間。

　　而捉弄範圍中屬極端惡意的情況即為霸凌。當某人使用尖銳且殘酷的「幽默」傷害他人時，就是種虐待。我們都知道，當孩子在社群媒體或學校被嘲笑時會發生什麼事。工作上，這類的騷擾主要為了讓人感覺悲慘、把對方趕出去，或兩者皆是。實際上皆與權力相關。霸凌者善於評估對方的脆弱之處，並認定這些地方會帶來最大的傷害。

你可以透過以下方法辨識這類型的討厭鬼：

• 他們的取笑已經不再是善意的玩笑，而是變成了令人不快的挑釁。現在，這一切都變成了權力遊戲。

• 他們很開心看到你有不安、臉紅、哭泣、發怒、大叫，或任何形式的反應。

• 他們對待他人時呈現出霸凌等級的行為。

• 他們認為自己為報復你不當的行為而做出的行動完全合理，而你可能不會察覺到冒犯。

STORY

萊斯利與荷馬辛普森的模仿者

有些人天生就很會模仿、幽默又有才華。然而與雙關語相同，這類的幽默其實很吃頻率。你可以將模仿當作幽默的共享形式，但當用它來激怒他人時，又是另一回事了。以下內容被歸類在後者，是一位同事向我轉述的故事。

萊斯利的同事羅傑很會模仿卡通角色的聲音，特別是荷馬·辛普森。他很輕易就能模仿該角色帶方言的語調。萊斯利本來只是覺得有點煩人，但當羅傑開始在接部門電話時說「噢（d'oh）」，或在

萊斯利請他幫忙時回說「無聊！」後，她就愈來愈火大。她不斷要求羅傑不要再這樣了，他卻把這當成變本加厲的訊號。萊斯利去找他們的主管抱怨，主管卻覺得沒什麼大不了的，只叫羅傑「別太過分」，之後就沒再追究了。

萊斯利愈生氣，羅傑就愈像個煩人的小學生。後來狀況升級到萊斯利跟每個願意聽她抱怨的人說羅傑缺乏專業、其他部門的人看到他們時自己有多丟臉，以及（顯然無能的）主管對此毫無約束等等。

同時，羅傑仍繼續哈哈大笑地模仿他的辛普森。當他開始將萊斯利當作「愚蠢的魯肉王」後，她就爆炸了。她將自己的案件申訴到有關部門，要求其介入。最後羅傑同意應該要讓自己的行為看起來更像個四十五歲的成年男性，主管也被警告需留意情況。據悉在最後一次的報告中，該大樓的荷馬已不復見。

如何應付踩線高手

- **請判斷冒犯的嚴重程度**。除非真的傷到你或其他人，要不然可乾脆放下或忽略。如果你沒被激怒，對方又如何繼續？直接忽略可為痛苦畫下句點。你可以裝沒聽到、走開，或是告訴自己：「羅傑又在正常發揮了」。

- **請坦誠。**如果你認為這個人不是故意傷害你,但你又不喜歡他捉弄人,請找機會讓他知道。你可以說:「我不太確定你有沒有注意到,但我覺得很困擾。請不要再這麼做了」。
- **面對問題。**如果他們知道你不喜歡,卻仍繼續這麼做,你可以問:「你為什麼要這麼做?」。假使答案是為了得到你的反應,請不要讓他們予取予求。若是為嘗試降低你對其說話的敏感程度,請讓他們知道該方法只有反效果。
- **檢舉騷擾。**請找你的主管、工會代表或人力資源部門。
- **誠實應對該捉弄行為在你身上造成的影響。**有時人們會將此當作奉承人的方式,但這方法其實很笨拙。如果你覺得受到冒犯,請讓他們知道。好比說:「我猜你可能覺得捉弄我是一種稱讚我變瘦的方式,但我不喜歡你把注意力放到我的身體上」。
- 若你給予回饋後,對方覺得受到冒犯,也不要覺得擔憂。這不是你的問題。

自我覺察:你可能是踩線高手嗎?

請針對以下問題回答是或否。若你回答是,請看以下問題的建議。

1 ▸ 你將幽默當作一種傷害、騷擾或羞辱他人的方式，並將其當作你或他人的娛樂嗎？　▸ ☐ Yes ☐ No

若要在工作上找樂趣，請找其他比較不傷人的方式。你做的事情可能違反公司政策，或甚至觸及法律。

2 ▸ 你發揮幽默的對象會要你停止嗎？　▸ ☐ Yes ☐ No

即使你認為沒什麼大不了，也請你尊重他人希望。顯然這對他們來說並非如此。

3 ▸ 你將捉弄當作報復某個你認為傷害或冒犯到你的人的方式嗎？　▸ ☐ Yes ☐ No

請直接讓他們知道問題在哪裡，而非透過嘲諷的方式告知。他們可能根本就沒有聽懂你的意涵，或是為了報復而對你變本加厲。

4 ▸ 你曾與一群人有過紛爭（好比管理上的問題），然後用捉弄當作表達自己不開心的方式嗎？　▸ ☐ Yes ☐ No

你或許並沒有有效傳遞訊息，甚至在過程中損害自己的名譽。請對適當的觀眾（或人）訴說你真正的意思，或就讓它去吧。

5 ▶ 你的家人或社交團體有過這樣的行為嗎？　▶　☐ Yes ☐ No

若是如此，看來這對你來說很稀鬆平常。請將這類行為留給那些人，不要帶到工作上。

6 ▶ 你覺得自己對工作沒影響力，所以才捉弄他人嗎？　▶　☐ Yes ☐ No

侮辱行為通常被視為掌握權力與壓迫他人的方式。請在你的部門／工作場合多做一點工作，或在工作之外藉由志工工作或其他貢獻來發揮自己在工作上的健全影響力。

7 ▶ 你有注意到若你的捉弄變成侮辱（或是踩線），可能會遭到紀律處分或解雇嗎？　▶　☐ Yes ☐ No

你公司的政策或許比法律還嚴苛。應停止類似行為的原因說也說不完。

8 ▶ 你將捉弄當作某種奉承的形式嗎？　▶　☐ Yes ☐ No

別人可能不這麼覺得。如果要稱讚，最好可以直接說（提示：提到身體部位絕對不是一個好主意）。

Key Points

總結一下

應付惡作劇討厭鬼

• **勇敢說出來**。你很難針對幽默給予或接受負面的回饋，因為它某種程度上代表了我們這個人。然而，幽默應該要能吸引觀眾，而非僅限於使用它的人。如果某人的錯誤嘗試讓你感到困擾，請大聲、清楚地說出來。含蓄表達如有氣無力的「哈哈」，通常意思會不夠清楚。

• **分享你的洞察**。如果這個人不清楚什麼樣的幽默適合工作場所，請讓他們知道。並非每個人都在同樣的社交或文化準則下成長，或是曾在同樣的環境中工作過。

• 請注意你開玩笑的方式，以及它會如何為人所接收。請跟上時代並適應環境。人們認為有趣的事物會隨時間改變。

• 請檢舉假藉幽默來騷擾或羞辱人的人。

Chapter 08

一家人
討厭鬼

The We are Family Jerk

工作場合也可以說是一種社群。很多人會在這裡成為朋友,甚至遇到未來的配偶。在家族經營的小生意中,人際關係可能會變得複雜。但即使是在大型的企業中,處理人際關係也絕非易事。

多年前,蓋洛普公司的馬克斯・巴金漢(Marcus Buckingham)與柯特・考夫曼(Curt Coffman)做了一個良好工作環境要素的研究(《首先,打破成規(First, Break All the Rules)》)。這項不斷驗證與更新的研究結果包含一個項目,即「我在公司有一個最好的朋友」。人類是社交動物,而當你樂意見到同伴時,就比較願意去工作。但每個人的期望可能不盡相同,有些人可能除了工作上的朋友之外,就沒有其他的朋友了,有些人則是朋友都是工作以外的人。

喜歡在工作上有共患難朋友的人,可能要注意事情未必那麼單純。如果情況急轉直下,你剛好處於鬥爭中的同事週圍,就容易受到附加傷害。即使關係穩定,也可能到處充斥著問題,好比如何與在同一場合工作的配偶互動、你該如何與老闆兄弟姊妹說話等等。

我曾在一間位於加州的公司教導四部領導力系列課程。第一天,我如同往常,試圖透過詢問經驗以及教材的應用方式來鼓勵聽者。但每個問題都只迎來沉默。我等待著,卻只聽到昆蟲的叫聲,沒人說話,現場可說是一片死寂。之後我宣布暫時休息一下,一位好心的學員來問我需不需要水。當我們走到走廊上時,他繼續跟我補充。「妳感覺人很好」,他說,「而且我看得出來妳努力讓大家

參與。但其實董事長的姊姊在班上，董事長的伴侶也在。沒人可以自在說話，相信我，不管說什麼都會直接傳到董事長那去。」我明白了，現在我總算能想像在這裡工作的模樣。

如果你對於一些工作場合的人際關係感到困惑，且這對你的工作造成影響，以下建議或許可以帶來協助。在接下來幾頁，我們會探討以下情況：
- **我們都是一家人**（同事有血緣關係時）
- **窩邊草**（無法延續的羅曼史）
- **職場塑膠花**（亂七八糟的友誼）
- **職場宗親會**（小又緊密的社群）

31 我們都是一家人
The Family Ties

　　公司城鎮（company town）的定義代表大雇主是獨一無二的。整個家族的人都會在這裡工作，且通常會跨世代。在大一點的社群中，親戚可能會在同一地方工作，但通常在不同部門。而大多數公司會有裙帶關係政策，以避免親戚彼此報告，畢竟可能不夠公正。人們也擔心那些有關係的親友會被寬容以待。

　　我曾受雇於一個企業，而這個企業有對夫妻偶爾會一起工作。典型地，其中一名是老闆。他們多半是因為共同的教育背景、興趣相識，並因彼此建立的信任而一起工作。這類狀態除非該領域的員工對夫妻中的其中一名成員有意見，否則不需過度擔憂。例如，假設強森博士是主要的老闆，而其配偶布朗博士則是主管。員工馬克斯無法從強森博士那裡得到想要的答案，因此找上布朗博士尋求介入。這樣合宜嗎？他的確遵從了管理體系，但他同時也是跟對方的配偶抱怨。

　　許多事情可在最初認知到家庭連結時就予以避免。公司應該給

予員工規範,以據此判斷可以跟誰報告,並確保他們的擔憂能在不會被報復的情況下被聽見。儘管這個段落描述的是實際家庭,但同樣的狀況也可能在好朋友共同經營事業,與／或都在管理階層的狀況下發生。

親戚一起工作時還可能會發生以下問題:

• 無論有意無意,他們都會把彼此的關係帶到工作上。這可能會讓沒有他們共同經歷的其他人不確定或忽略掉某些資訊。

• 他們失調的家庭狀態可能在工作上表現出來。

• 他們可能在家討論工作,使員工對被揭露的內容產生懷疑,特別是其中一人是老闆的時候。

• 他們可能在隱瞞部門或公司其他所有人的情況下分享資訊(從提前通風報信即將到來的變化,到極端案例如內線交易等皆有可能)。

STORY

是時候前進了

我曾跟一位主管格蘭特會面,他偶爾會來找我詢問有關客戶與老闆的建議。就我所知,儘管他不是一個有敏感度的溝通者,卻仍

在自己的領域經營出色。當部門需要雇用新的員工時,他找上自己的外甥喬希,並鼓勵他應徵。喬希才剛從大學畢業,並渴望工作經驗。當裙帶關係進入雇傭系統時,警鈴就大響了。然而喬希仍獲雇用,而結果卻與預期的正面偏見完全相反,變成了負面偏見。

格蘭特來找我談論他跟喬希之間的問題。格蘭特說喬希很愛說大話,卻不願意做被要求做的事。他抱怨喬希那些難以執行的想法,以及當想法不被接受時,他有多易怒。我建議格蘭特為喬希設立清楚的期望績效,這樣他才能理解優先順序與工作範圍。

然而,當你只聽一方聲音時,不會意識到格蘭特的抱怨只是問題的一部分。喬希不久後來找我,陳述的故事完全是另一個版本。他抱怨自己的想法從不被接納,且自己的待遇跟其他員工比起來很差。他做這份工作是希望從他叔叔那裡學到東西,但格蘭特卻始終把自己當作三歲小孩看待,做什麼都不對。他總是被告知要如何、何時做那些甚至被視為常識的事情。我問喬希願不願意坐下來與我、他的叔叔好好對話。

兩人在會面的一開始都很緊張。我說我清楚兩位都希望有一個有效率的工作關係,也希望維持工作之外的正面連結。喬希哽咽地說,他們之間的家庭關係已經惡化。在上個星期天的家庭聚會,喬希因為格蘭特冷落自己而十分傷心。他說格蘭特每次都在自己進來

時就離開,也不跟他說話,甚至提前離開。

格蘭特反駁說,他覺得喬希在避開他。他覺得非常尷尬才離開,因為他不想毀掉大家的夜晚。事實上,兩人在那天晚上都不太開心。

他們彼此都視對方為討厭鬼。格蘭特認為喬希提出轉正職的時機點太早,因為他連基礎都還沒有打下來,且想法完全不切實際。他覺得喬希的鬱悶與好鬥在殘害其他員工。喬希則認為格蘭特食古不化,且無法根據當下狀況考慮解決方案。兩人觀點正好相反,即格蘭特覺得喬希無能,喬希則認為自己的能力值得更多。

我本來有信心可以改善他們糟糕的溝通方式與不一致的工作期望,但家人關係的綑綁讓情況變得非常個人化。他們認為事情有轉圜餘地嗎?還是這份關係已經傷害太深?他們說想要嘗試,且同意對彼此的觀點更具同理心。喬希答應在反應上更成熟,格蘭特則同意除了評論喬希不擅長的,也稱讚他擅長的事物。

遺憾的是,這沒有用。幾個月後,喬希過來告訴我工作已難以忍受,所以打算另尋出路。我祝他好運,並私下認為這是最好的結果。我後來才確定,除了雇用親戚之外,格蘭特作為主管的表現也並不好。他處理喬希問題的方式並不獲老闆的認可,最終在該年被解雇。

如何應付「我們都是一家人」的討厭鬼

儘管以下建議是設定在實際家庭關係的框架中，但很多都可以套用到老闆最好的朋友在部門工作時的情形。

- **提出問題**。如果你認為因為老闆的家人而持續被差別待遇，請跟人力資源部門或跨兩級的主管（老闆的老闆）提出。請提出具體的差別待遇情況，而非純粹的「感覺」。

- **面對爭鬥**。如果工作上顯示家庭功能失調，就需要有人點出問題。家庭同事間的爭吵、惡劣評論、八卦與「我們彼此不說話」等狀況，並沒有比純粹同事之間的更好容忍。假設你跟鬥爭中的其中一方關係不錯，可告知對方這會造成他人困擾。再不然，可讓你的主管知道該鬥爭對你或部門的工作造成的影響。

- **請表達你的擔憂**。一般來說，家庭成員會彼此互通，而這是其他員工做不到的。也因此，你會認為他們一起通勤或在家時會談論到你。他們或許不會這麼做，但你不妨直接表明自己的擔憂，而不是私底下推測或跟其他同事八卦對方。

- **請注意在同一部門雇用家庭成員可能帶來的後果**。成為同事本身已經是個問題，若是上下關係就更危險（且容易與公司政策產生衝突）。

- **請坦白家庭關係對你與工作造成的影響**。在一個家庭營運、親戚也一起工作的小生意中，非該家庭的員工在提出該家庭的互動

問題時可能略感尷尬。如果你跟老闆關係不錯,或許可提出該狀態如何影響了你的工作表現。如果沒用,且已變得難以忍受,或許就得另謀高就了。

自我覺察:你可能是「我們都是一家人」的討厭鬼嗎?

請針對以下問題回答是或否。若你回答是,請看以下問題的建議。

1 ▶ 你目前的直屬主管是親戚,或是你的親戚需要跟你報告嗎?　▶ ☐ Yes ☐ No

如果你的職場有裙帶關係政策,請確保自己不會違反規定。假設這合乎規則,就代表人們期望你待對方如其他同事、一視同仁。若你們其中一人難以將家庭與工作角色分開,或許就不該在同一部門工作。

2 ▶ 你難以將來自親戚的績效回饋當作是其他人給的(這其實不容易)嗎?　▶ ☐ Yes ☐ No

你可不能重回那個討厭父母教你如何開車的青少年。如果你的主管是親戚,在對方給予你指引時,請勿表現出憤怒的模樣。

3 ▶ 你期待從親戚那得到很多正面回饋嗎?　▶ ☐ Yes ☐ No

如果他是主管,且對你一視同仁,就不可能總是稱讚你。若你是主管,而你期待自己的親戚永遠擔任啦啦隊(特別是你可從穩固的回饋中獲益時),也有點不切實際。

4 ▶ 如果你是主管,是否曾被告知(或感覺到)員工不知如何回應被認為可能是你與親戚之間的偏心待遇?　▶ ☐ Yes ☐ No

請確保他們的擔心是多餘的。如果你對自己的家庭成員通融,就也需如此對待他人。

5 ▶ 你是否身處非親戚的不自在位子,導致不太清楚該如何與對方談論他人(好比本篇一開始例子中的馬克斯)?　▶ ☐ Yes ☐ No

如果你注意到某家庭成員彼此報告,而你則向其中一人報告,請詢問老闆若有關於另一名親戚的問題,該如何處理。

6 ▶ 你無法將家庭劇碼留在家中嗎?　▶ ☐ Yes ☐ No

請不要將家庭內部的問題帶到工作,讓他人為你們的家庭感到

焦慮。如果你的親戚表現或情緒起伏不定，而這連帶影響你在工作上的心情與人際關係，或許就不該一起工作。

7 ▸ 你跟配偶一起工作嗎？　　　　　　　　▸ ☐ Yes ☐ No

大家對你們離開工作崗位後會與誰談論什麼問題心知肚明。請向他們確保你們在家與通勤時會談點別的。提示：在家庭／工作討論間建立界線也有助於維持婚姻關係。

8 ▸ 你擁有家庭生意，或為家庭生意（或最好的朋友）工作嗎？　　　　　　　　▸ ☐ Yes ☐ No

沒有這層關係的人通常會覺得被孤立或低人一等。不管他們的家人／朋友關係為何，請對所有人要求同樣的績效標準。如果你的生意因為這些人際關係而陷入緊繃，請考慮請顧問或尋求諮商協助。

CATEGORY 32 窩邊草
The Looking for Love

　　我猜大家應該都有（至少一次）在職場上被某人吸引，或與職場的某人交往的經驗吧。畢竟彼此有共通點，甚至可在約會前先了解彼此。有時這種關係會變得長久，等於是皆大歡喜。但若分手或吵吵鬧鬧呢？就有好戲看了。

　　我們都看過（且毫不懷疑覺得是）感情出問題的跡象，像是紅腫的雙眼、憂鬱、失眠、無食慾，各式各樣。人要走過這段很困難，但對他們的同事來說也不容易。如果這對前情侶在同一部門，當他們遇到或想避開彼此時，就可能產生問題。類似的不當行為可能包含尖銳言論、在大家面前公然調情，或是寄一箱前任的東西到他們的座位或停車場等。作為同事，你或許會夾在中間被問要站哪一邊。不如給我個火坑跳進去算了。

　　但要求他人在工作場合不要愛上任何人是有些強人所難。就像莎士比亞在《維洛那二紳士（The Two Gentlemen of Verona）》所說：「你想用雪來點燃火，就如同用文字撲滅愛情的火花，毫無

效果（As soon go kindle fire with snow, as seek to quench the fire of love with words.）。」

以下是職場上彼此相吸的複雜性：
- **公司的政策**。大部分企業規定，禁止資深與新進人員戀愛。
- **政策與法律**。如果是單戀，一方認為的調情對另一方來說可能變成性騷擾。
- **溝通錯誤**。你以為已跟追求者表達清楚，自己無意回報或歡迎追求，但他們可能不懂你的意思，並持續追求，讓情況變得很尷尬。
- **以不斷著迷而聞名**。當你連續好幾個約會對象都在工作場合認識，而這些約會對象還彼此認識時，通常不會有好結果。
- **不切實際與／或不合理的期待**。失戀的人在分手後可能期望同事幫自己做些他們事實上力有未逮的事，好比聆聽他的心碎故事，或要求監視他的前任並回報等。
- **對工作造成的影響**。心碎之人可能會悲傷好一陣子，這個時期什麼都會脫離正軌，包括工作本身與他們的生產力。
- **衝動行為**。缺乏安全感與忌妒會讓情侶中的一人視其他同事為情敵，即便事實並非如此。

STORY

拚命追尋邱比特之箭

　　梅利莎為了她的同事麥克來找我。麥克在過去十八個月經歷了艱辛的時光，一切都從發現他的妻子外遇開始。婚姻最終畫下句點，而兩個年幼孩子的監護權由兩人共有。由於自尊心受到重創，加上父親的責任，Michael除了上班和回家外，幾乎沒有做什麼。不過最近他的笑容似乎回來了，整體表現似乎也不錯。讓梅利莎擔憂的是，她覺得麥克可能喜歡上她了。我問她怎麼會這麼想。

　　一個月前，有個自願代表公司參加社區集市的機會。麥克與梅利莎輪同一班，也是該活動的結尾。他們完成工作後，麥克提議去喝點東西，而她拒絕了。

　　回到工作崗位後，她注意到麥克開始製造待在她身邊的理由，並逐漸縮短肢體上的距離，還開始在會議中碰觸她的手臂。他會隨意提到兩人可以一起去看個電影，讓她慌張地含糊說「我不知道」，再逃回她的座位。

　　梅利莎並不認為麥克是個討厭鬼，也很開心他不再憂鬱，並有興趣再嘗試約會，但卻不希望那個對象是自己！她不知道該對他說什麼，並抱著一絲希望，如果不給予回應，事情就會慢慢淡化。

　　我們大多都不好意思直接拒絕追求。我建議下次麥克暗示想約會時，她可以清楚表示自己不感興趣。一句簡短的話即可，像是

「我不跟同事約會」、「抱歉，我沒空」或「希望我沒讓你誤會，但我沒在找約會對象」。也可以讓他難以有肢體上的接觸，假使他碰她，可以把手臂移開，或是稍微搖搖頭。這並非嚴厲指責該男性，而是清楚讓他知道該去找別人。

如何應付窩邊草討厭鬼

• 請對不合理的要求說不。請不要協助傳訊息或監視同事的前任。如果朋友的要求讓你覺得不舒服，請告訴他們無法照吩咐去做。時間會治癒大多邱比特之箭造成的傷口，但一開始可能會非常辛苦。

• 如果你的同事／朋友不斷在工作上戀愛失敗，請建議他們尋求外界的援助。陪你朋友走過一次還好，但如果不斷重複就是個問題了，連續破碎的心將令人難以承受。你可以建議他們尋求諮商協助，畢竟朋友能做到的有限。

• 如果你沒興趣，請委婉但清楚地表達出來。如果有人試圖跟你發展一段浪漫關係，而你沒有意願，直接說出來會比希望他們「懂你意思」快上許多。好比：「我沒想找，但希望你能找到合得來的人」、「我希望能維持我們的友誼」、「我不跟同事交往」。

• 如果前任彼此開始躲避或鬥爭，並對團隊造成影響，請告知

你的主管。或假如你與他們關係不錯,請他們在工作時休戰。如果必須這麼做,請他們在離開該場合後再恢復敵對關係。

• 如果你被認為是「第三者」,請開誠布公。你甚至可能在某人提醒之前,都沒察覺到該說法已經滿天飛了。但要是你突然被情侶的其中一人充滿敵意的對待,而這個人過往對你十分友善,就是個警訊。如果你確認這個看法存在,請直接與那個人對話,並說你聽到某個謠言,因此想釐清你根本沒那意思。也請不要告訴我你真的就是第三者,如果你是,等於只要你們三個一起工作,就是在毀滅世界。

• 如果前任之間看起來有危險的狀況產生時(跟蹤、威脅、飛車、不間斷的電子郵件與簡訊或電話等等),請告知保全人員與主管。如果對方是你的朋友,而他被威脅,請他盡速告知保全人員與／或執法人員。如果對方猶豫,請陪他一起去。

• 建議你的朋友去其他場合認識對象。並提醒他們,當你跟同事交往時,可能會有很多問題產生。

自我覺察:你可能是窩邊草討厭鬼嗎?

請針對以下問題回答是或否。若你回答是,請看以下問題的建議。

1 ▶ 你希望跟同事發展出浪漫關係嗎？ ▶ ☐ Yes ☐ No

　　當荷爾蒙激增時，你實在很難去想起這可能造成的問題。然而，如果你感興趣的另一方沒什麼回應，請大方地放下吧。

2 ▶ 你有逃避、鬥爭或監視你前任等行為嗎？ ▶ ☐ Yes ☐ No

　　這很危險，而且會限制你的職涯發展。如果你不能把這件事拋到腦後，就是時候換工作來製造距離了。

3 ▶ 你在工作時會沉思心碎的過往嗎？ ▶ ☐ Yes ☐ No

　　如果你發現自己沉浸在悲傷中，請為自己設立一些限制。你必須工作，也不希望失去這份工作。請享受自己的時間，或在下班後做些有趣的事情。如果仍難以度過這段時光，請尋求諮商協助。

4 ▶ 你曾經打算責怪某個同事，以當作你分手的理由嗎？ ▶ ☐ Yes ☐ No

　　即使有所謂的「第三者」，光是想挖他們出來，就會讓你產生看起來充滿怒氣，且行動具破壞性、不討人喜歡的風險。

　　如果你無法放下或前進，可以尋求諮商協助。

5 ▸ 你曾要求你的同事暗中監視、傳八卦，或做任何事去介入你的前任嗎？　☐ Yes ☐ No

這等於是要他們選邊站。請成熟一點，避免讓他們參與其中。

6 ▸ 你會在社群上公布你與某個同事的關係狀況（不管是好還是不好），並在文字或照片上透露過多資訊嗎？　☐ Yes ☐ No

你的雇主跟同事可輕易就看到這些資訊。你是否游刃有餘到可以討論自己戀愛的親密細節，讓大家都知道？

7 ▸ 你剛分手就打算在工作場合找下一個伴侶嗎？　☐ Yes ☐ No

請花點時間釐清自己學到的，以及你希望做出改變的部分。並請考慮在職場以外的地方尋找對象。

8 ▸ 你正與工作場合的某人約會嗎？　☐ Yes ☐ No

請跟對方討論如果進展不順利，工作上可能會遇到的困難。

9. ▸ 你覺得工作場合或家中的前任危及你的人身安全嗎？　☐ Yes ☐ No

請盡速聯絡保全人員（若有）與／或執法單位。請勿拖延！

CATEGORY 33 職場塑膠花
The Best friends Forever — Until We're Not!

　　工作上的友誼若毀損，有時甚至跟感情的終結一樣痛苦。我們大部分都希望自己的友誼能持久，即使這份友誼備受考驗，像是兩個人都申請晉升，卻只有一人獲選；兩對夫妻之間的友誼在其中一對離異後分崩離析；工作上發生的事讓對方覺得被冒犯；工作以外的事引發憤怒等等。人們在痛苦時會做出不成熟的舉動，而同事也會注意到這點。

　　其他要注意的還有：

　　• **情緒的雲霄飛車**。根據參與其中的人的不同，有些人之間的情誼充滿起落，不甚穩定。今天他們還是知已，隔天就不再跟對方說話了。這很讓他們的同事感到頭痛。

　　• **參與者的情感成熟度**。他們愈不成熟，愈容易將同事捲進他們的戰爭之中。

　　• **對同事造成的影響**。如果這些「前好友」打算繼續一起工

作,勢必要找到緩解緊張的平衡點。請不要給你的同事帶來附加的傷害。

> STORY

達拉的憂慮

達拉來找我討論一個工作場合以外的問題,這個問題已嚴重地影響到她的工作。她與她的妻子亞歷珊卓曾認為自己找到非常合得來的夫妻——達拉的同事賈恩與賈恩的丈夫亞當。他們喜歡的電影跟餐廳類型相似,也都喜歡戶外活動跟運動。眾所皆知,他們成了最好的朋友,也會在週末一起去旅行。達拉懷孕後,她跟亞歷珊卓請賈恩與亞當擔任教父母。之後事情急轉直下。

國家選舉將至,媒體上到處是候選人的辯論與報導。達拉與她的妻子有投票權,但沒有自願參加活動,也不喜歡討論政治。賈恩與亞當則自願投入其中一名候選人的參選活動。他們一直試著邀請達拉與亞歷山卓做同樣的事。與此同時,達拉與亞歷山卓買了一棟待修房,準備迎接孩子的出生。他們計畫投給賈恩與亞當的候選人,但考慮到自己的優先事項,沒意願再多做其他事情。

然而,賈恩與亞當視達拉與亞歷山卓的不參與為友誼的背叛與

公民義務的背棄。民調很相近,萬一另一個候選人當選怎麼辦?他們難道不會在日後懊惱當初應該多付出一點嗎?在最後一場堪稱災難的晚餐中,大家的情緒都十分暴躁。這兩對夫妻開始不在周末見面,教父母的事情也不了了之。

達拉告訴我,變成這樣她很受傷、失望,但從不希望他們的關係對工作造成影響。她懷念彼此的友誼與每日的問候,卻也理解或許事情就該如此發展。然而,當她聽說賈恩跟主管亂報告,說她工作時偷工減料時,她就爆炸了。

達拉生氣地質問賈恩的謊言,但賈恩即使被抓包也予以否認。之後達拉從其他同事那裡聽說,賈恩一直在員工之中散布她的八卦。達拉即將休產假,她問我是否需要在寶寶出生後找其他工作。

我問達拉有沒有跟主管談過這個狀況,以及這對她與賈恩工作上關係造成的影響。她說還沒,因為她覺得很不好意思。主管目前只聽過賈恩版本的故事。我鼓勵她盡快跟主管對話,並陳述事實,不要陳述太多無用的細節,也不要批評賈恩。

我問達拉希望與賈恩維持何種工作關係,她回覆希望能在無連續劇般的情節下共同工作。這目標聽起來挺合理,那麼她是否覺得自己可以跟賈恩談談,還是需要主管在場?她認為有主管在場應該較好。

後來達拉回報,她跟主管談過,主管也感謝她告知具體情況。他們三人的會面有些尷尬,但彼此都同意主管的要求,也就是讓紛

爭留在公司外,並在工作上停止爭執。到目前為止,達拉與賈恩都能相互親切地打招呼,也不再逃避對方了。

就我來看,幸好達拉的預產期也即將來到。她的注意力大部分都轉到新生兒身上,而賈恩的怒氣看似也隨時間與選舉結束後漸趨緩和。達拉是否需要找新工作仍有待商榷,但我推測在她返回工作崗位後,風暴應已結束。

如何應付職場塑膠花

- **限制彼此談話的時間。**如果一個超好的朋友希望你聽他說話,請注意他的情緒(好比:「我很遺憾你受到傷害。」),但不要跳進去批評另外一個人。
- **不要惡意提起他人。**你可以說「我不太想聽」、「他們一直對我很好」、「我跟達拉沒什麼過節」或「我知道你很生氣,但不用這樣」。這應該足夠讓他們停止博取你的同情。
- **如果你對這齣戲沒什麼興趣,請結束對話。**單調地回個「嗯」或改變主題都足以停止他們對你傾訴的渴望。
- **建議他們尋求諮商。**如果你擔心朋友對該人際關係問題的反應,或怎樣都過不去,可建議額外協助。

• 如果同事彼此威脅或做危險的事情（不管工作內外），請確保你的主管有注意到。請適時警告保全人員與／或執法單位。

自我覺察：你可能是職場塑膠花嗎？

請針對以下問題回答是或否。若你回答是，請看以下問題的建議。

1 ▶ 你最近是否跟工作上最好的朋友「絕交」？你會到處散播痛苦與憤怒嗎？　☐ Yes　☐ No

請跟工作之外的朋友談談，或求助諮商。不要期待你工作上的朋友會對你這邊的故事感興趣，假如你們兩人在工作上都得與他互動，你等於是陷他於困境之中。

2 ▶ 你無法在與你有爭執的人周圍保持冷靜嗎？　☐ Yes　☐ No

如果你們還是得經常與對方見面，至少像見陌生人一樣維持禮貌。瞪視或諷刺只會讓你顯得難堪。

3 ▶ 承上，你在這個人旁邊工作嗎？　☐ Yes　☐ No

看你們兩個是否同意在工作時維持禮貌。即使你們大吵過，也請盡量維持和善，以利工作進行，並且不要把他人牽扯其中。

4 ▶ 承上，你考慮「報復」嗎？　　　　▶ ☐ Yes ☐ No

不要去做激怒、八卦、跟蹤或其他具報復性的危險行為。這只會導致衝突升級，更何況還是違法的。如果你很難過，請找諮詢尋求因應方法與支援。

34 職場宗親會
The Teeny-Tiny Gene Pool

　　住過小鎮的人都會注意到認識所有人的優缺點。當你們住跟工作都在一起時，生活上大大小小到處是與你相關的人，好比你或許是跟老闆的前任結婚，或你是前任新配偶的主管，也可能你妹妹是你主管小孩的老師，或你其中一個同事從你表弟那買了一輛車等等。八卦幾乎算日常了。

　　小社區的優點是大家會彼此幫助、共享身分認同，並在需要時團結起來。但當每個人都去同一場派對、同一個雜貨店，在同一個地方當志工、同一個小組禮拜，該如何避免在工作中擦槍走火？儘管這篇大部分探討的是在同個小鎮中居住與工作的情境，但同樣狀況也可套用到任何所謂的社區（好比宗教、精神上的、身分上的、興趣上的等等）上。

　　如果你能在一個小社區內正常生活，代表已經學習到許多重要的一課：

- 每個人都想知道你的私事,而且還很有意見。
- 人們很愛品頭論足,卻也可能帶來幫忙。非大城市的人大多會依賴彼此。
- 匿名十分困難(或不可能)。
- 要找到新的交往對象不容易。
- 你們不知道自己何時需要幫忙,或是成為鄰居,或甚至彼此小孩結婚,成了親家!事情總說不準。
- 最好忽略掉一路上擋住你去路的那些垃圾事。與其被怨恨絆住,不如忘記。否則只會帶來更多壓力。

如果你的家庭長居在一個小鎮上,會累積非常多的歷史。請注意孩子並非他們的父母,人會成長與改變,我們也都會犯錯。這適用於生活,同時也可套用在工作上。

> STORY

有原則的彼得

我剛結束教育者會議上的簡報,就有一位男性來找我,他說他叫彼得,是一個小鄉村城鎮的高中校長。在我們去喝咖啡聊天時,彼得詢問我有關學校裡某種極端情況的建議。

十五歲的伊森帶槍來學校，導致彼得不得不讓他退學。他接到治安官署的電話，根據地區政策，伊森必須離開學校。問題在於，該學生是其中一名英語教師伊麗莎的兒子，伊麗莎的資歷已有三十年，也是彼得幾年前剛擔任教師時的指導老師。她家裡的狀況已經夠不容易了，因此彼得對退學可能帶來的額外負擔感到惋惜。另一個最近的高中約在十五英里之外，現在也才學期中。交通只能算是諸多問題之一。

　　五個月前，伊麗莎的丈夫在工作中意外嚴重受傷。他行動不便地在家，十分痛苦。他們原先計畫在四年內退休，但考慮到老公未來的工作與身障賠償的不確定性，他們暫緩了這個計畫。彼得看得出來，家庭的狀況是如何讓伊森誤入歧途。父母繁忙，無暇顧及最後一位待在家的孩子，這個年紀又容易受到同儕影響，沒人有時間與力量去引導他。

　　前一週是伊麗莎每年的教師評價日，彼得在教室視察她的表現。他看到一位疲憊、分心的指導者，既沒有專心教課，也無法把注意力放在學生身上。彼得除了對伊森感到抱歉之外，又不得不給伊麗莎的表現打難看的分數。

　　在這個案件裡，這個狀況才是我們認定的「討厭鬼」。我問彼得他想怎麼做。他說知道自己必須跟伊麗莎談談在教室觀察到的情形，但希望能再給她一次機會。他最大的疑問在於，該怎麼做才能

減輕伊麗莎的壓力。

我建議他可以跟地區的人力資源部門談談,看伊麗莎是否符合相關法規或任何工會契約中的休假規定。這樣的話她應該有時間好好休息一下。我詢問社區有沒有可以讓她使用來拓展家庭預算的服務。答案是有,但這些都是她曾擔任志工的地方,而她曾引以為傲。既然彼得跟伊麗莎關係親近,我建議他提醒她,就像她曾幫助他人那樣,社區也會認為協助她是種光榮。

我也稱讚彼得是他導師充滿熱誠的朋友。風水輪流傳,現在換他來幫她了。

如何應付職場宗親會

- 請告訴你工作上的知己,哪些可以告訴別人、哪些不行。如果你對於同事知曉你個人資訊的程度感到不舒服,請告訴好友你不希望告知他人。請那些沒按照你希望做的人停下,並思考一下將來你願意跟他們分享到什麼程度。
- 試試看心理學概念中的「區隔化技巧」。當你發現自己的人生某些部分被怨恨與/或傷害絆住,且影響到工作時,這會是一個很有用的技巧。你可藉忽略讓你對工作不滿的感覺或資訊,將職場與家庭分開來。如果能將自己從這些感覺中完全釋放更好,建議可

找諮詢協助。

• **當你們兩人都在工作時**，請要求對方將家庭不和先擱在一旁。如果你跟你的同事需要這份工作，請意識到在工作時吵架（或逃避對方）可能會導致不良後果。

• **保守秘密**。如果其他人跟你分享資訊，請注意八卦帶來的影響，畢竟同事除了是一起工作的同仁外，也是社區的成員。最好不要告訴別人工作上的秘密或負面消息，或是在工作時這麼做。

自我覺察：你可能是職場宗親會嗎？

請針對以下問題回答是或否。若你回答是，請看以下問題的建議。

1 ▸ 工作上的人過於了解你，而你懷疑是朋友說溜嘴嗎？　▸ ☐ Yes ☐ No

當你意識到自己的祕密被曝光時，心裡絕對不好受。即使跟朋友面對面，也可能無法得知全面的故事，或究竟是誰做的。這也是在提醒你，在確認這個人能不能信任前應更加謹慎。

如果你認為私人八卦或推測（好比你的婚姻狀態、性別認同、醫療上的診斷或治療等）已造成工作上某種類型的歧視，請告知人力資源部門或工會（如果你有的話）。假使任何實際歧視行為發

生,請與公平就業機會委員會或就業律師聯絡(請先確認服務如何收費)。

2 ▶ 你是否懷抱怨恨與／或傷害？　　　▶ ☐ Yes
　　　　　　　　　　　　　　　　　　　　☐ No

　　用負面的思想與行為來餵養你的怨恨或傷害,跟餵自己毒藥然後希望他人死去沒什麼兩樣。如果「區隔化」(前面提到的)沒用,請考慮尋求諮商,學習能真正脫離負面情緒的策略。

3 ▶ 你覺得自己在工作中扮演的角色跟高中時期相同　▶ ☐ Yes
　　　嗎？　　　　　　　　　　　　　　　　　　　　☐ No

　　家人或小鎮似乎都會有些不開心或難堪的久遠回憶。不要讓這些事情絆住你,如果別人受困於此,你可以說:「該忘了這件事了」、「這很久以前了」、「該前進了⋯⋯」,或其他可以結束一段難堪的回憶之旅的文字。

　　請記得,就像你在這幾年已改變一樣,其他人也是。請不要根據他們過去的不成熟來判斷他們。

4 ▶ 你會指責某個不喜歡的人的親戚,使你們的關係　▶ ☐ Yes
　　　受損嗎？　　　　　　　　　　　　　　　　　　☐ No

　　請記得,他們不一樣,並值得你將他們視為不同的個體。最好

不要樹立敵人。

5 ▶ 你會加入工作時八卦他人的行列嗎？　　▶ ☐ Yes
　　　　　　　　　　　　　　　　　　　　　　☐ No

　　如果你曾是八卦的受害者，就應該清楚人言可畏。懂得聆聽並閉上嘴巴的人在小團體裡不具價值，但請成為這樣的人。這是你展現自己可靠的方式。

Key Points

總結一下

應付一家人討厭鬼

- **主動一點**。如果你跟親戚在同一個部門工作,請討論一下你們在工作中的互動。並意識到他人會擔憂你們之間的家人關係造成的影響。

- **尋求幫助**。如果你不知道如何處理與老闆有血緣關係的同事的問題,請要求管理階層釐清。若需要,請尋求人力資源部門或工會的協助。

- **留意工作場合戀愛的風險**。能愈早討論工作中可能發生的狀況愈好。思考一下如果你們分手,是否仍能當工作上的朋友。或是當你們認真交往,(但願不要)之後分手,會發生什麼事。

- 不要在工作場合上演好友決裂的戲碼。

- 決定自己在他人對有問題的人際關係感到焦慮時,會(或不會)參與的程度。不要在中間當夾心餅乾。

- **建立界線**。當你在一個小社區生活與工作時,生活必須具備不同面向、技巧性的平衡。即使你跟同事的關係各式各樣,仍必須能夠與所有人工作才行。

Chapter 09

干擾討厭鬼

The Habitually Annoying Jerk

生活或工作中都有令人厭煩的傢伙。我們自己也有讓他人不快的習慣或個人特質。這章將探討一系列低程度、影響工作日常的慢性摩擦，儘管可能還有一大堆事情無法通通討論到。但若困擾到讓你決定做出改變，相信以下例子跟建議可帶來幫助。多數人會跟同事一起八卦某人的習慣多糟糕，接著就開始推測動機等等，卻從未跟當事人直接溝通。這不僅沒幫助，還很傷人。

　　或許你會為某人感到不好意思或擔心，因為對方的行為導致他人不願真心對待。也或許是因為他正在做／沒在做的某件事，導致人們躲避或不理他。若是如此，你可以幫忙提醒他們，也就是勇敢說出來。

　　這章我們將討論一些惱人的干擾與可能的回應：
- 嗅覺震撼彈（與其中的文化差異）
- 冒昧的困擾製造機（一堆假設）
- 行走的私事直播間（工作中的社群媒體與時尚）
- 噪音怪客（我們不需聽到的聲響）
- 灌水王（對你沒幫助）
- 沒禮貌的傢伙（缺乏基本工作禮儀）
- 大嗓門（音量失控）

35 嗅覺震撼彈
（與其中的文化差異）
The Scent-stational

現在回想起來令人驚訝，但當我剛開始上班時，人們是可以在任何地方吸菸的。我身在這些吞雲吐霧的人之中，對所有嘗試呼吸的人吐出煙氣。幸運的是，目前美國已沒有太多地方允許吸菸，但你若為吸菸的人工作，請小心二手菸的風險。

氣味大概是我所知造成最多情緒困擾、文化誤解與焦慮的問題了。我在過去這些年諮詢的人大多寧願在無麻醉的狀態下拔牙，也不想跟某人談論令人不快的氣味。在這種情況下，遠距工作絕對有它的好處，而且如果你是一名遠距員工，就表示你可以略過這個段落了。

體味

這個主題很敏感。跟大多數人一樣，我有許多與令人驚愕、未洗身體與衣物，以及讓人喘不過氣的香水味的相處經驗。兩種極

端都令人不快,不過在冬天最大的難題,即是那些發臭的身軀與衣物。如果沒有自行檢查,就容易被排斥或成為笑柄。從過去跌跌撞撞走到今天,相信你可以從我的經驗學習到處理方法。

氣味重的人與衣物

我們身處在多元文化的工作場合,而人們認為可以容忍或感到愉悅的體味程度大不相同。根據出身背景,我們對於所謂的「正常」有各自的標準,因此能做的就是盡量找到中間點。

在某些產業中,人們會依據自己所做的工作與／或服務的客戶,被要求具備特定的乾淨或香氣程度(好比醫護人員)。如果有員工手冊釐清是最好,但很多地方其實解釋得都不夠清楚。

遺憾的是,我們不會像注意到其他人一樣,敏銳地意識到自己的體味。根據人與材質的不同,衣服在穿前需洗淨的次數也不一樣。並不是每個人都會在再次穿著該衣服前進行「嗅覺測試」,衣物芳香劑能做到的也有限。一個人身上產生的化學反應(或他們吃的東西)也可能形成強烈與不快的氣味,即使頻繁洗澡也一樣。那麼到底該怎麼辦？

如果你是這個人的主管,也注意到問題,那就是時候做點什麼了。如果他們是新人,或許你可以成為第一個告知他們工作中衛生要求的人。你可以十分和善地告知,但請務必採取行動。什麼都不

做只會讓這個人遭到屈辱，或受到像是在座位上被偷偷留下一塊香皂或除臭劑等幼稚的報復行為，這樣其實更糟。

作為一名同事，你也可以透過親切與清楚的表達來協助。有時當你們很親近時，反而不好意思開口。在我職涯早期，就是因為這樣而遲遲不告訴一個朋友。當對方問：「你為什麼不告訴我？」時，我才表示自己實在太不好意思了。但事實上，膽怯幫不上什麼忙。

給予這類型討厭鬼回饋的原則在於——直接一點（但不要羞辱人），並避免隱晦的幽默。請留給那個人一點面子。如果是你，你希望人家怎麼告訴你？在不知道的情況下冒犯到人更糟對吧？請振作並大聲說出來。

你可以參考以下開場白：
- 「你可能沒注意到，但你外套／衣服的氣味很重。」
- 「這可能聽起來不太悅耳，但我覺得你的芳香劑可能失效了。」
- 「我不太確定你有沒有注意到，你的身體氣味滿明顯的。」
- 「可能沒人告訴過你，但我想幫助你了解衛生標準。」

香水之毒

在我擔任顧問的經歷中，曾有一次處理得非常不完善。我受雇協助一個團體針對多項問題達到共識。團體的其中一人有非常嚴重

的過敏，另一個人則使用非常大量的香水。我說大量，是指真的大到她還沒進門，香水就先到了。過敏的男性不斷要求這位女性不要再噴香水，但情況仍沒有改變。我處在兩難之中，過敏男性當著團體的面問我，能不能處理令他無法呼吸的過度香味？

我用就事論事的方式詢問該女性，是否願意洗去一些香味。而我後來才發現，當時不應該在團體面前講的。但我當下認為會議開始沒多久，說要休息也挺怪的。然而我現在已意識到，不管當時是什麼樣的時間點，都應該先休息，再個別處理問題。

可以想見的，面前的女人生氣地從自己的位子上站起來大喊：「妳是要我改變自己的本質耶！」我無能為力地懇求：「請別這樣。」但她仍怒氣沖沖地離開了。你猜猜，誰的合約就此終止，未來也再也沒有這個客戶的工作了？我在一對一的情況下應對可能不會比較好，但至少能維持她的尊嚴。

當你經常使用香水，隨著時間經過，會開始適應這些香味，進而用得更多。在過去十年，我注意到自己只要待在有強烈古龍水氣味的人身邊，就會渾身不對勁，而這類經驗也能套用到許多人身上。公共場所的強烈氣味對有氣喘或其他呼吸問題的人來說是個實際的困擾，所以當你在使用時請注意到這點。其他未必會隨時間消逝的氣味還包括鬍後水、芳香美髮產品，以及一些身體乳液等等。

我不知道有多少人對前面例子中的女性感同身受，她使用的香

味等於是自我標誌,也因為太過個人,導致難以更改。建議各位,如果你必須噴香水才能去工作,你的氣味必須小到只有抱住你的人才聞得到,否則就等於是過多了。就像穿著或衛生那樣,有些雇主對於香氛的使用有規定,這其實非常有幫助。

由於人們不太願意面對問題,因此會試圖透過模糊的文字傳達訊息,並寄給全體員工,或乾脆讓辦公室門開著。但現實的是,你的意思可能無法真正傳達給那些人知道。過去我曾噴過多的香水,造成一位過敏同事的困擾。他在一個我從未認真看過的文件裡寫了一條「辦公室裡有人對香水過敏」,而不是直接告訴我。當我終於意識到問題,並問他為什麼不說出來,他則表示自己認為這是最好的方式。然而,既然我沒收到訊息,就表示這有待商榷。我猜他並不知道如何說,且擔心會有負面反應。

請記得,冒犯他人的人並非有意冒犯或讓你覺得不舒服。你可以善待,但需清楚表達。以下是一些你可嘗試的建議:
- 「抱歉,我對香水很敏感,聞到會覺得不太舒服。」
- 「你噴的香水讓我想到之前喜歡的人。遺憾的是,我現在變得對這些氣味過敏。」
- 「我們見面的時候,你可以少噴或不要噴香水嗎?我會過敏,所以非常不舒服。」
- 「看起來我們很多人都不太喜歡香水。我們要不要乾脆談好

不要在辦公室噴香水？」

當然，你可以移動位子，或是遠距參加會議。但如果你經常見到這個人，或許就得坦白說開來。由於這已經變成一個普遍的問題，所以我想你應該不會像我多年前一樣，收到對方情緒性的反應。

食物臭味

這幾乎可說是休息室的「頂級饗宴」了。當微波爐用來熱魚、爆米花、抱子甘藍或任何有強烈氣味的其他食物時，除了準備享用一頓豐富午餐的人之外，大概不會有其他人覺得開心。在自己桌上吃氣味重的食物也是一樣的效果。如果你們在同樣的空間，臭味必定會四處飄散。

我爸小學六年級時，被一群男生要求加入吃一瓣大蒜的行列。我爸是個喜歡生大蒜的奇特小孩，所以很熱情地加入了，卻沒意識到這群男生的動機在於讓大家對教室避之唯恐不及。結果他們成功了，但也免不了一頓處罰。要聞出誰是始作俑者並不難。因為食物的味道會一直跟著我們。

教室與會議室中充滿挑戰。它們經常被拿來舉辦飯局、聚餐或午餐會議等。就我爸的教室來說，那揮之不去的氣味十分駭人。就像同事把披薩盒丟到垃圾桶就離開了，讓下午參與會議的人只能用

嘴巴呼吸一樣。

若想當個有智慧的同事該怎麼做？或許以下建議會有幫助：

- **如果真的很困擾你，請說出來。** 或許你們可以討論在不同的時間點使用休息室。
- **請在空間更大的地方吃有特定難聞氣味的食物**（有的話可在自助餐廳，或天氣好的室外），而非個人的桌上。
- 休息一下，或去其他地方等氣味消散。
- 詢問你的食物氣味是否造成他人困擾。評估一下別人從自己身上聞到的氣味不會是壞事。
- 一起討論會議室裡的食物清理議題。

口臭也是其中一種問題。我永遠忘不了自己九年級的幾何學老師彎腰到我的肩膀附近，讓我聞到她那充滿洋蔥味的口氣。當你與同事說話時，你吃過或喝過的東西殘留的氣味會跟著散播。有時我們若有鼻竇、牙齦或嘴巴上的問題，或是吃藥等，也可能散發不好聞的氣味。當然，你可以給對方一顆薄荷糖。但若發生太頻繁，或許也需鼓起勇氣說出來，否則他們不會知道。再次提醒，最高原則在於友善但清楚表達。

以下這些話可能有點幫助：

- 「我呼吸聞起來可能有咖啡的味道。有人也想來顆薄荷或水的嗎?」
- 「我在想你是不是有鼻竇炎。我有過,我那時候滿感謝人家提醒我呼吸有味道。」

請思考一下,當你發現自己因為呼吸問題而經常冒犯到人會有何感受。你應該會想知道吧?

CATEGORY 36 冒昧的困擾製造機
The Presumptuous About Me and You!

許多人在工作上做決策時會假設其他人都同意或都願意支持。當同事之間在相互慶祝人生大事時，可彼此建立連結。但當對於寶寶或結婚禮物、畢業或退休派對，甚至是某人小孩賣餅乾等的金錢支援要求過於頻繁（且看似無止盡）時，情況就複雜了。並不是每個人都有興趣或財力參與。同樣的，也並非每個人可以負擔（或想參加）下班後的活動。

金錢上的捐助應該是自願與自訂金額的。有些人則是自行帶禮物給所有人來解決辦公室生日的困境。

其他與金錢無關的冒昧行為還有：

• 讓你生病、愛抱怨或覺得無聊的孩子頻繁打斷視訊會議。的確，有時剛好學校下課或停半天課，或是托兒所臨時出問題，導致你得讓他們待在家。請確保他們在重要的會議時間有事情做，或是當他們可能打斷時將你的麥克風靜音。

- 打擾他人生活、給予建議，期望他們成為你的「靠山」，或是其他各種認為這個人跟你很親近的假設，儘管實際上並非如此。友誼應該是互惠的，如果你需要被注意，他們卻沒有給予回覆，就代表你該退一步了。

- 生病還來上班。但願疫情已經讓這件事有了永久性的轉變。我個人最討厭這種，因為我曾被這些病人傳染多次，還觀察到整個工作團隊在數個月不斷「傳來傳去」。如果你的雇主太嚴苛，導致員工沒有病假，而你又得因為生病支付費用，我能理解你為什麼會害怕失去工資。但除非你能幽禁自己不傳染他人、遠距工作、戴上口罩，並／或規律地消毒碰過的所有東西，否則請待在家裡休息。並非所有人都擁有良好的免疫系統，你也不知道自己會給他人造成何種影響，更不用說如果你持續工作，或許會病更久。如果有重要的會議或其他不能重新安排的活動，能不能遠距處理？你或許會認定自己十分重要，但請詢問他人你是否非得在場，並告知他們你的病痛。

- 沒有經過同事允許就帶你的寵物過去（假設你的工作場合允許）。你愛你的寵物，不代表有過敏或會害怕的人就也愛。而遠距工作對於想帶寵物一起工作的人是有利的。

- 視訊會議或會議電話中狂吠的狗（或其他讓人分心的動物或人類行為）。在會議時，若你的動物（或配偶）發出聲音時，請將你自己靜音，或是讓他們在會議結束前離開你的工作區域。你習慣

的聲音對別人來說可能太大聲或令人不快。

- **請集中在單一主題就好。**除非你在跟某個非常好的朋友對話，否則不管是有關某人、你自己、運動或其他各式各樣，大多數人其實不是很在乎你關注的每一項細節。拓展對話的素材會比較為人們所接受。

- **認為大家應該都要知道你新的最愛。**你或許突然有某種頓悟，但請不要嘗試改變所有人。並不是每個人都對水晶派對、康普茶或皮拉提斯充滿熱情。就各過各的吧。

- **假設大家都會慶祝同一個節日、吃同樣的食物、用同樣的醫療保健、投票投一樣的人，或（對其他事物）有同樣的信念等等。**當別人提醒你的假設並不精確時，請注意這點，並在需要時道歉。

- **因為你過於敏感、容易受到冒犯，或是反應很快速，就認為所有人都應該輕聲走路，或是適應你。**請管理好自己的情緒狀態，並在需要時尋求諮商協助。

37 行走的私事直播間
The Things We Don't Need to Know or See

　　我們對於可公開分享事物的概念存在明顯的世代差異。毫無意外地，年紀較長的世代不喜分享。而工作場合卻容易因社群媒體與時尚產生問題。

尷尬社交

　　社群媒體幾乎無所不在，大多企業也會仰賴其從事行銷與品牌推廣。團隊也可能使用社群媒體平台溝通。雖然並非所有人都如此，但有些雇主會針對涉及同事的企業與個人社群媒體使用建立規則。而這個段落要探討的即是使用個人社群媒體帳號與同事互動的眉眉角角。

　　邀請同事成為好友或追蹤你可能導致互動不友善。好比當你決定不追蹤／退某人好友時，他們發現後會覺得自己被冒犯；或是當你發現一群人聚在一起的照片，自己卻沒有被邀請，而覺得受到傷害；或是別人在未經允許的情況下上傳他人照片。我們其實不是很

想看同事喝醉或衣衫不整的模樣。請記得，你上傳的東西並非私人的，未來也有可能被看到。你會希望自己的下一個雇主看到自己身處如此窘境，還是知道你過去多難受嗎？

若你是主管，請絕對不要透過個人社群媒體帳號送出邀請給還在為你工作的員工（或只要還在同一企業工作），或是接受他們的邀請。許多人（包括主管）對於放上網的東西的判斷力糟糕得令人難以置信。身為主管的你，絕對不能上傳在工作上爛透的一天、想解雇的人，或是浪費了多少時間等等。世界很小，你永遠不知道誰跟誰彼此之間認識。如果我是神，一定會讓個人的社群從員工中消失。

時尚達人

評論他人職場上的服裝其實十分「古怪」，因此我在這裡要鄭重告知達人們，不同世代對於適當服裝的認知著實不同。

如果你上班有服裝規範，就有相關指南。有些工作團體會要求標準的穿著，以求舒適與安全，有些則有制服等等。也有些產業不是很在乎你穿什麼，只要不要裸體即可。如果你工作的地方是如此，應該很清楚哪些穿著是被接受的。

然而，大多數的工作場所沒有很明確規定，而其標準可解釋的方向很多。幸運的話，你的主管應該已經跟你討論過這個問題。而遠距員工或許在服裝上的標準會與公司內上班者不同，但請不要在未確認前就自己先提出假設。通常可接受的服裝會由你的工作、客

戶，以及在視訊會議互動的對象、工作的地方等來決定。

我想我們大多數人都不太想看到他人的股溝。如果你的工作經常需要彎腰或趴在地上，或許就要注意遮掩。可以請朋友觀察並提醒。如果低腰褲正流行，請讓你的衣服掩蓋該部位。如果有朋友沒注意到自己讓大家看到什麼，請提醒他。

若是在家工作，請注意視訊會議時會暴露在鏡頭前的部分。當你坐著的時候，鏡頭只會拍到你胸部以上的地方，但很多人會忘記當他們站起來時，大家什麼都看得到。甚至當你仍坐著時，根據你的鏡頭角度，我們仍可看到一些你希望保有隱私的地方。在開始視訊前，最好花一點時間查看鏡頭會捕捉到的地方。並請從那位不幸在視訊會議時將自己的筆電帶到廁所，並將其放在地上的員工身上學到一課。她的同事對於她沒有關掉鏡頭並靜音都嚇傻了。當她發現之後也是。

以下是一些通用的指南：
• **如果你會穿著該服裝到海邊、夜店、健身房或做瑜珈，或許就不是那麼適合工作場所（除非你在這些產業工作）**。服裝的正式程度依據你的工作場所而定。當你不太確定時，可先將自己DIY剪裁的短褲與T恤排除。即使遠距工作，也最好有件針對特定會議的「Zoom衣」或夾克。
• **內衣是好東西，但請不要讓它成為你服裝的主要重點。**

- 除非是雨衣（而你裡面也有穿衣服），否則請避免穿著過於透明的服裝。
- 低胸裝愈來愈為人們所接受，但在工作場合中，遮多總比遮少好。再次提醒，請注意鏡頭在你視訊會議時會捕捉到的部分。
- 請不要讓人看見你的腰部跟肚皮。你或許想要炫耀肚臍環，但請留在自己的私人時間。
- 請用短褲或裙襬遮蓋一部分的腳。請注意，當你在視訊會議時站起來時，短褲跟短裙會向上縮。而鏡頭會顯示得一清二楚。
- 顯眼的身體藝術需符合你的職場／主管的規定。鞋類亦然（涼鞋或夾腳拖可能不夠安全，或不為你工作所接受）。

如果你因為某人穿的衣服而感到困擾，請彼此包容，除非對方違反規則，或是陷某人於危險之中。

CATEGORY 38 噪音怪客
The Suspicious Sounds

　　許多人的工作場所是聲音會彼此傳遞的開放式空間。而住在這顆星球上的人都避免不了不請自來、令人不快的生理聲響。成熟的人會假裝自己沒聽到。若有人習慣性在他人面前發出額外聲響，或許就需稍微提醒對方在工作上得正式一點，而非「盡情解放」，或可讓他們知道那些聲響對你造成困擾。請注意，或許你在家裡的辦公室只有你一個人，但你電腦的麥克風會在視訊會議時播送這些聲音。

　　其他惱人的聲音還有：
- 任意打嗝與排出其他氣體
- 關節／指關節聲響
- 理應私下才能聽到的聲音卻透過裝置傳出（耳機、手機、助聽器、平板、手機提醒、電腦等）
- 不和諧的（或任何）嗡嗡聲

- 習慣性清喉嚨、吸鼻子
- 吃東西時的嘴唇聲響
- 口香糖啪啪聲（或嚼口香糖的聲音）
- 按壓原子筆
- 用手指或原子筆敲桌子
- 視訊會議時透過麥克風傳出紙張沙沙的聲響或其他非故意的噪音

　　如果這個人看起來沒注意到自己在幹嘛，你又無法忽略，可以給對方一張衛生紙、潤喉糖，或是推薦最愛的緩解脹氣產品，作為善意提醒。有時，針對他們的手給予小小的手部動作或眼神，就可以停止對方按壓筆、壓指關節或敲擊手指等行為。或是你也可以直接說「停止」。

　　透過裝置傳出噪音時，必須更直接地跟對方說，因為通常對方不會注意到或是太習慣自己發出的聲響。例如，你可以直接說：「你可以把手機的提醒關掉嗎？每次收到簡訊時發出的聲音讓我覺得很困擾。」而不是等他們「自行發現」。如果你有例行的視訊會議，請讓大家達成共識，關掉電腦與手機的提醒，避免嘟聲或鈴響持續。此外，大部分人都不會意識到自己電腦喇叭的收音程度，而戴耳機的人完全聽得到這些噪音。

　　如果該聲音讓你覺得困擾，請讓他們知道。

對於那些沒學到基本桌邊禮儀,並持續發出嘴唇聲響或吃東西嘴巴張開的人,我不確定有沒有較為緩和的解決辦法。你或許可說「吃東西嘴巴請閉起來」。

CATEGORY 39　灌水王
The Stretching the Truth

　　人們為了讓事情奇蹟般解決，往往會誇大事實，卻也形成諸多問題。我懷疑這些人認為說謊可以轉移該瞬間不甚開心的互動。然而，卻也可能只是把更糟的一場互動拖到被發現之後而已。

　　以下是一些具體的例子與建議，供話者或聽者參考。

在還沒準備好時就說準備好了

　　給說話者的建議：你或許對承認尚未準備好感到不好意思或羞恥。也可能正準備熬一整個晚上趕出來交，但該計畫可能會出錯的部分太多了（極端措施通常都不管用）。如果你沒準備好，就直說吧，讓其他人知道你需要幫忙或延期。如果你可以保證專案在某個日期完成，就讓他們知道，並向失望的老闆、客戶或同事致歉。

　　給聽者的建議：如果你已經對沒準時交件的同一人不只一次失望，請考慮在下次專案一開始就設立期限（並在需要時協商）。接

著他們就得堅守自己的期限,而非你的。請一路上確認他們沒有偏離軌道,以期準時完成。或許你需要在這部分獲得主管的支持。

不覺得OK也說好

　　給說話者的建議:OK的範圍從「真的OK」到「從未想過的OK」皆有。當你說「好」以防止該瞬間讓某人失望(即使你知道堅持下去的可能性很低),就只是將不可避免的事延後而已。你遲早會被抓到,還必須處理相信可依靠你的那些人的憤怒與失望。如果你的好其實是指「或許」、「不」或「不太可能」,最好使用更精確的文字。

　　給聽者的建議:如果你已經在依靠的某人身上經歷過類似模式,請直接處理,並讓他們知道你寧願得到精確的答案,也不要某個「懷抱著希望」的答案。如果他們真的無法達到你的要求,你可協助他們解決問題、制定其他計畫,或轉交給能處理的人。

做不到也說做得到,沒經驗也說有,或聲稱擁有不存在的學位或證照,或捏造其他事實

　　給說話者的建議:你或許希望自己所說的是事實,但想也知道不可能。這會在日後反噬,甚至可能賠上你的名譽、工作或兩者皆是。請不要這麼做。如果你已經做了,就請承認吧。沒錯,你或許

會失去工作。但若你一直以來都是有價值的員工，或許可透過訓練或取得證照等來補救。不過假使你的謊言讓某人陷入風險，或許就得找其他工作，並放棄正面推薦。請把這當作人生的重要一課，避免重蹈覆轍。

給聽者的建議： 如果你認識的人講的話未基於事實（假設是同僚），你可以讓後果自然發生，或提醒他們。假使他們聲稱擁有的專業（實際上無訓練或證照）會危害他人、違法，或以任何形式讓公司吃上官司，請將這場騙局告知擁有更多權限的人。

CATEGORY 40

沒禮貌的傢伙
The Rude

　　有些人會忽略基本禮儀。這時你會不禁在心裡想「沒教養的傢伙」。這類行為從不說「請」與「謝謝」，到粗魯行為、偷食物，或沒做事情卻硬搶功勞等皆有可能。

　　例子：

　　• **禮貌**：即使你崇尚獨裁，也應該在對人們咆哮時使用「請」，並在收到需要的東西時說「謝謝」。對我們其他人來說，說「請」跟「謝謝」是非常頻繁且自然的事。若你並非如此，請留意並練習。如果想提醒某人說這些禮貌用詞，可說句常用的「不客氣」。

　　• **搶功勞**：小孩子會抄班上聰明或好學的同學的答案作弊。大人的類似行為則是沒資格還硬搶他人的功勞。這中間顯然涉及道德倫理問題。倒不如公開稱讚那些曾幫助過你的人、部門與／或機構。如果某人的功勞被算在你的身上，請在獲得使用他們素材的許

可後給予名分。假使你是主管，這也適用。身在學術界與科學界（與其他領域）的人深知引用研究與其他智慧財產時的嚴格倫理規定，與構成違規的條件。如果有人搶走你的功勞，請告知可協助改進的人。

• 打招呼：令人意外的是，有些人不會跟同事打招呼，因為他們覺得自己的位階與他們不同。在有大人物經過時，一旁列隊、準備好露出微笑的人即是遭受這種待遇。假使你不想說話，起碼可以對這些人微笑並點頭。如果你擔心表面上太禮貌，而被拉進某個沒時間參與的對話，可以一邊走路一邊說：「抱歉我趕時間」。若你總是被冷落，可直接打招呼暖暖場子。不要在意有沒有收到回應，堅持即可。我相信你總有一天會收到回覆。

• 認識你：當你重複跟某些人會面，對方卻總像不認識你似地擺張撲克臉，著實令人不安。臉盲症之類的神經系統疾病會讓人缺乏辨識臉部的能力，但僅占人口的百分之三。即使你覺得自己不善於寒暄，也可試圖在看見人的時候點個頭。若你好奇為什麼某人不認得你時，可先主動打招呼。

• 偷偷摸摸：除非獲得許可，不然偷拿某人在休息室冰箱的食物絕對是錯誤的。假使東西是留個某個工作團體，而你並非其中一員時，就是明白的偷竊。如果你很想吃，請在拿之前先問過。假設你知道有人經常偷食物，可以表示自己注意到了，並請對方停止或尋求同意。

41 大嗓門
The Tell Me Something

　　有些人說話跟笑起來時音量超級大聲，甚至可能因為音高震碎玻璃。如果你一直被叫小聲點，應該知道自己的問題出在哪，所以請注意自身音量的大小。對你的同事來說，不斷提醒你或透過隔板注視你，或是關上會議室的門（或你的辦公室，假設你幸運擁有一間的話）等，都挺累人的。而你的聲音或許還可能穿透牆壁與門縫。視訊會議時也是一樣，人們得在你說話時大幅降低他們電腦的音量，或是請你小聲一點。

　　你在腦袋裡聽到的聲音跟其他人聽到的並不相同。你或許有聽力上的問題，也可能認為這沒什麼大不了的，但這會造成同事十分大的困擾。

　　假設你不知道如何給予這些因為超大音量而給生活帶來麻煩的人回饋，可試試以下方法：

- 「傑森，請降低音量。你干擾到我的電話／專心了。」

- 「傑森，你可以降低麥克風的音量或講小聲一點嗎？」
- 「傑森，我不喜歡提醒你降低音量，我相信你也不愛聽。請找個方法記起來。」
- **給對方證據**。試著在你坐的地方用手機錄下他們的聲音，再放給他們聽，當作鐵證。
- **用降噪耳機**。
- **離開**。你可以移動嗎？如果是在各自座位上工作，可能不好保持距離，但若讓你的桌面多加一些寬度，或許會有所幫助。
- **尋求幫助**。請你的主管處理（除非對象是你的主管，那麼請試著詢問。假設他們夠幽默的話，也可用錄音的方法）。

這類型的相反即是說話太小聲，導致你根本聽不見在講什麼。你發現自己不斷重複問：「你可以大聲一點嗎？」他們覺得自己已經夠大聲了，而這可能來自聽覺上的問題，也或許是早年生活養成的習慣，所以對正常音量沒什麼概念。最好可以跟他們一起練習，讓他們學會控制音量，並聽到自己的聲音。我小時候講話十分柔和，因此在我習慣之前，正常的講話音量對我來說其實非常大聲。

其他建議還包括：
- 請確認你並沒有聽力障礙，才導致覺得大家都說話太小聲。如果只有一個人這樣，就可能是那個人的問題。但若是所有人呢？

你可能需要聽力師的幫助了。

- 你可以問是否能在音量正常時跟他們比大拇指,讓他們注意到。

視訊會議時若麥克風不夠敏銳,就會有音量的問題產生。如果某人即使靠近電腦,也習慣放低音量,可以請他們確認電腦上的音量設定,或是請他們用有麥克風的耳機。

自我覺察:你可能是干擾討厭鬼嗎?

請針對以下問題回答是或否。若你回答是,請看以下問題的建議。

1 ▸ 你是老闆嗎？　　　　　　　　　▸ ☐ Yes　☐ No

請注意,對你的員工而言,跟你說你有個壞習慣,比你告訴他們或他們告訴同僚都要難得多。你的階級地位讓他們處在不利位置。即使你直接問,他們可能也不會告訴你事實。

如果你收到暗示指出特定行為會造成他人麻煩,或許該暗示已算輕描淡寫。匿名評估你這位主管,或許能讓問題浮出檯面,但中間仍有許多影響因素,包括問問題的方式、是否真的讓人覺得有匿

名性（如果是在一個小部門，其實沒什麼效果），以及大家是否認為告知事實會帶來不同。你可以請同儕主管或某個工作之外的人給予回饋。不管你做了什麼，你或許也同時在生活中展現了這些部分。

2 ▸ 這段時間你惱人的習慣是不是已經被說過無數次了？　▸ ☐ Yes　☐ No

如果你自認該習慣被人錯誤曲解而不願改變，那我認為你其實正以（有些人會稱為）「消極攻擊」的方式行事。如果你知道自己造成他人困擾卻不在意（或者你喜歡造成別人困擾，那更糟），那等於是反社會的行為。這不會讓你獲得朋友，也沒有任何人的職涯能在無他人協助下成功。

如果你的習慣造成的困擾度高，人們可能會開始躲避你。假使你是真的忘記或不斷疏忽，必須找到方法提醒自己停下，直到「不再做」變成一個新的習慣。也可以請求他人協助。

3 ▸ 你在家裡可被接受的習慣是否與公司不同，而你也沒做改變？　▸ ☐ Yes　☐ No

在你出門工作或抵達或兩者皆可看到的地方放置提醒。訓練自己「因地制宜」，根據不同的場合調整自己的行為。

4 ▸ 你太執著於該習慣，以至於讓它變成其中一種定義你的事物嗎？想到生活中沒有該習慣，會讓你覺得恐慌嗎？ ▸ ☐ Yes
☐ No

如果你將自我認同與某些惱人的行為或活動綁在一起，請考慮尋求諮商，協助你重新評估自我信念，以及與他人之間的關係。你自身絕對大於任何習慣，並值得良好的工作人際關係。

Key Points

總結一下

應付干擾討厭鬼

- 承認自己在該問題中的角色。如果該問題長時間困擾你,而你又從未做過任何處理(或曾八卦過它,那更糟),就代表你也是共犯。你可以放下,或採取行動讓情況變得更好。
- 具體形容困擾你的事物。嘗試用客觀的言語來描述問題。
- 直接但友善。在你給予某人回饋時,友善又清楚的表達會很有幫助。你可以套用「我會希望被如何告知?」來引導自己。
- 建議替代方案。如果那位討厭鬼看起來願意改變,卻不知怎麼做或如何改變,可給予對方確實、客觀的建議。
- 必要時請上報。若面對危險或非法行為,請尋求更有權限的人協助。

Chapter 10

有毒的工作文化討厭鬼

如果你覺得工作很煩，且不管是個人還是小團體都無法減輕不適，或許是該公司的文化不符合你的價值觀。市面上有許多書探討功能失調的企業，以及當你想改變一個文化時會付出什麼代價，所以我不會在這裡討論太深（請見額外資源段落的書籍推薦）。我會提供一些例子讓你知道「有毒」是什麼樣子，以及若這是你的現實，你可以做些什麼。

　　工作文化可簡單定義為「在這裡做事的方式」。如果人們希望自己被認為是「其中一員」，就會去適應新文化。你會去遵守這些非官方的公司準則。大多數時候，這些要求都還算合理。我記得多年前與一個企業合作，那裡的（所有男性）高層穿著都差不多——淺藍色扣領襯衫與昂貴的毛衣。中階主管則不管男女都穿著白色襯衫與黑色或深藍色套裝。當我（自認為）開玩笑說這裡有「服裝規範」時，現場的人都面無表情。

　　我解釋自己看到的，某位中階主管卻指著他黑色套裝下的黑色襯衫。這叛徒真不給面子。

　　公司有不同的階段。剛開始的階段總是驚險、令人興奮，財務狀況也不穩定。但目標很清楚，所有人都是為各自的專業而待在這裡，也為將來建構基礎。當企業成熟後，領導力就需要改變，財務上的挑戰會產生變化，文化也跟著演進。公司建立的方式、創建的

準則、薪資與獎勵制度、領導力哲學與實踐等，不論好壞，都會形塑文化。

如果你是某企業的資深員工，或許會對過去較小的規模、較個人，且使命（從你的觀點來看）更加有驅動力等頗有感觸。對公司的成長或收穫來說，這是常見的結果。即使你不喜歡改變，也不一定要認定企業失調。然而，假如這種改變違背了你的個人價值，勢必會感到不快。如果你不再對公司、主管與／或你的工作抱有好感，或許就可以考慮離開了。堅持將文化恢復到先前的模樣去滿足自己，只會被置若罔聞，且多半徒勞無功。要知道，當你的價值觀受損，並覺得自己被趕出去時，那種痛苦其實不亞於一段破碎的戀情。你可能會有類似的情緒出現——背叛、憤怒、悲傷、失望，因為你曾以為會共同擁有那段未來。請讓自己有時間悲痛與痊癒。

另一方面，一個真正有毒的企業文化可能在任何階段都會形成。高階的領導者決定了整體基調，畢竟上樑不正下樑歪。以下是三種失調的職場文化與行為，如果你發現自己身處其中，或許可以參考一下。

地盤鬥爭

某些企業會讓他們的高層彼此競爭資源。當領導者被丟進戰局時，原先協助公司繁榮的「共同奮鬥」信念，就會瞬間轉為「我要自己殺出條血路」。

員工經常對預算決策感到困惑。當你是資金和領導者關注的「失敗方」時，很容易認為自己的貢獻沒有被重視。相反地，如果你是成長和資金的「成功方」，也很容易自以為比其他人優越。領導者可能會加劇部門之間的不信任。

當「輸家」是那些提供大部分客服與支援、可說是企業使命核心的員工（卻人手不足與缺乏資源）時，他們一定會覺得沮喪跟辛酸。我曾與某機構合作過，底下員工雖然不喜歡企業對優先順序的安排，仍對客戶、學生、病人或客人等盡忠職守。即使他們認為自己藏得很好，仍可窺見其身上的壓力。好比他們說：「我們以前會這樣做，但目前人手不夠。」實際上在說：「我們的主管很吝嗇，也不管我們或客戶的死活。」

或者，領導者竭盡全力想抓住權力，導致他們為了增加地盤而鬥爭。這與為了提升效率和改善溝通而進行的組織重整不同。相反的，這類似大富翁遊戲，要你「盡量奪取地盤」。員工都變成遊戲板上的棋子，在骰骰子後移動，不清楚新的報告體系，也不知道下一次改組什麼時候來臨。這也與以下內容相關。

員工只是商品

員工被任意解雇後,再由保全人員護送出建築物。人們可能在一場視訊會議期間就迅速地被集體辭退。員工即「砲灰」,隨時都可以被取代。薪資不佳、條件又差,高層卻能賺大錢,還享有高級辦公室與停車位。

難怪人們變得麻木、憤怒。有時基層的員工會透過不健康的權力遊戲回歸工作崗位(好比弄同事、說公司的五四三、向媒體爆料等)。就我的經驗來看,這是最常見的文化失能,且變化無窮無盡。每次目睹或遭受這樣的情形,我都不禁心想:「一定要這樣搞嗎?!」

當企業文化默許管理層貶低和詆毀員工時,整個組織就已經陷入險境。不幸的是,企業文化要走向偏差其實並不需要太多因素——只要一位新的高層領導開始(或加劇)這種惡劣風氣,腐敗便會逐步蔓延。一開始可能很難相信這種情況正在發生,因此你會選擇先給予對方一些信任與機會。然而,當一個又一個優秀的員工被無情羞辱、受到懲罰,卻仍被要求維持高品質的工作並對公司保持忠誠時,很明顯,這個組織出了大問題。

曾有中階主管告訴我,他們的首要角色是「保護底下員工」。保護員工不被高階領導者所害?這可沒有寫在一位中階領導者的工作範圍內啊。如果這可套用在你身上,代表你那裡的文化已不再重

視員工以及其價值了。這個地方不再安全,也沒人做你的靠山,甚至也沒有歸屬感(你或許會覺得是目前團隊的一員,但僅此而已)。

我曾擔任某企業顧問,該企業認定某緊急情況下出貨「錯誤」的案件,屬於出貨員工的過失。然而,其實是受過高等教育、拿兩倍薪水的人提出申請,但卻下了錯誤的訂單,才讓該員工按要求遞送。

後來最高層級的主管介入。中階主管被嚴厲訓斥,並波及到該員工。過程中沒有任何調查、辯護,也沒人想導正。那麼員工的回應呢?自然是相互吵架,因為他們沒有其他權力。這就是一種有毒的工作文化。

只能順從無法提出異議(為了保住飯碗)

人習慣跟隨「(流出的)潮流」,因為不跟著做,後果恐怕不堪設想。指出明顯錯誤、背後搞鬼或有偏見的人,反而被貼上搗蛋鬼(或其他更難聽)的標籤。這不只讓人丟工作,還可能把整個職涯都賠光。我當時在一間公司擔任顧問,午餐時我的窗口告知,她向聯邦監管機構提出了嚴重投訴,她覺得自己會因此被炒掉。當我們走回大廳後,兩個保全人員就把她帶走了,我則被配了一個新的窗口。

人們難以提出與主流不同的反對意見,特別是當風險看似較小、專案相當引人注目,而成本又高的時候。我相信你們都清楚

1986年挑戰者號爆炸案,畢竟這場災難是學校的課程之一。回顧一下重點——兩位NASA工程師對O形環能否在低於冰點的環境下正常運作提出嚴重擔憂。但在某種強烈的脅迫下,他們不得不屈服。遺憾的是最壞的情況還是發生了——太空梭爆炸。你能想像做出這種決定後,仍得活下去的人是什麼模樣嗎?

順從的壓力從心理學上來看十分複雜。在駕駛艙人員無法大聲發言的年代,有許多無法質疑的飛行員撞進山裡。而新的標準與訓練,正是為了確保階級落差的恐懼不會掩蓋掉人們對安全的憂慮。這個原則後來也被應用在醫院的手術室,並廣為宣導——如果你看到錯誤行為,請大聲說出來。

不管工作頭銜為何,大家都不會相互揭醜,這在大多時候有效。然而,我們都曾看到新聞報導吹哨者(有時重複地)檢舉非法或危險行為,卻沒人聆聽,最後反而遭受處罰或排斥的事件。為安全或正確性大聲發言,並不如想像中安全。

假如我身處在這種或類似糟糕的文化?

我已經跟各位描述了一堆功能失調的企業文化中的三樣。如果公司準則與你的價值觀有衝突(換言之,你知道什麼是對與公平的),留下來只會被榨乾靈魂。你可能考慮過很多因素,而其中某些因素讓你難以立即離開。以下是一些初始問題,幫助你思考下一步

該怎麼走。

哪些是你可控制的？

我在本章前面提過，有些中階主管認為自己的工作是保護員工免受上面的管理階層所害。若這適用於你，有沒有方法讓你在目前的團體中建立較健全的環境？你也可以跟其他中階主管合作，使部門運作更有成效。除了你們之外，其實做得比老闆還好的中階管理團隊大有人在。

不論你的工作頭銜為何，請鍛鍊自己的控管能力。確保你在非工作時間有嗜好，或做志工，或在任何地方用自己的聲音做出改變。請記住，你可以控管自己的心態，提醒自己在那裡工作的原因。選擇以正面的心境抵達終點，並將陰暗面拋到腦後。

簡單嗎？未必，但卻可能。找到與你意見相同的人，一起去吃午餐、下班前／後冥想、放鬆肌肉、扭扭肩膀，將能減輕壓力的相片放在看得到的地方，並定期更新。

可以放一顆摸起來舒服的石頭（或其他護身符）在口袋，提醒自己呼吸、放鬆。不要不吃午餐，不吃反而壓力更大，長期下來會失去效率。

為了避開最糟的情況，你或許得退出某些會議、略過某些特定郵件、退出郵件發送群組等等。如果只偶爾處理工作中最可憎的層面，或許會變得更難以忍受。

你與腐爛核心之間的距離？

如果距離有幾個階級，相信你大多時間可在無更大企業層面的壓力下做好自己的工作。但假使你的匯報對象是腐爛的中心，或你的老闆是當事人，並波及到你，故事可能會完全不同。這種情況下，你也許得參與一些荒謬的陰謀才能做好自己的工作，而愚蠢的政治鬥爭通常會耗上許多時間。除非你享受其中，不然這類壓力可能還會傷害身心健康。你能不能夠轉到企業中較無異常的部門？如果離退休還有大半時間，請考慮另尋職位。

你整體的職涯規劃為何？

假使這份工作是你前往更大、更有前途未來的中繼站，請盡量從中汲取經驗，並計畫離開的時間。你是否可以調職，或利用自身該領域的知識與窗口，來獲取不同職位？小心不要在急於離開時背棄他人，畢竟你永遠不知道將來會跟誰合作。

糟糕的工作環境（與老闆）會讓你知曉自己不希望的模式，而這與你職涯的平衡息息相關。你會避免在未來碰到類似狀況，或乾脆不接受該工作，或是更快讓自己脫離該局面。

當有機會形塑該工作文化時，也不會複製同樣的悲慘狀況。

你快退休了嗎？

這些人會被叫「金手銬」不是沒有原因的。我理解當你被薪資與福利綁住時有多艱辛。再加上這樣的年紀要找新工作著實令人卻步。如果你已經決定退休的時間點，或許可以重新考慮一下。請跟你的財務顧問談談，假使比原先預定還早離開該工作，會有多大的不同。請針對想／需要賺取薪資的年份考慮所有替代方案，或許不用全職工作也說不定。在一個充滿辱罵或你討厭的地方工作，這種壓力並不會增加你的生活品質或壽命。

該文化是否鼓勵違法或危險行為？

我想應該不用我來告訴你，請絕對不要參與其中。你可以選擇檢舉或不檢舉，但請明白是時候離開了。

我衷心希望能有魔法將你的職場改邪歸正。如果你已經確定自己為了改善現況做足努力，也已經給予時間，卻仍沒有好轉，就可以準備離開那個地方了！

Chapter **11**

行動才看得到結果

To See Results Take Action

你可能已在前面的章節發現，有毒的工作文化才是真正的「討厭鬼」，而非單純的同事問題。若是如此，請在你考慮該怎麼應對時，重新檢視該章節最後的問題。如果你拿起本書的動機在於處理某個難搞的同事，希望你已經找到有用的建議了。而下個步驟，即是根據你覺得符合的指引行動。

讓你自己從小地方開始，一步一步成功邁向改變。你可以把一切都當成是一場實驗。要開始才是最重要的，路上再做修正即可。如果你有很多狀況想要改進，可先從最簡單的開始。例如你打算要求一位組員除了抱怨老闆以外也談談其他事情，即使你覺得這位同事有很多惱人事蹟，也請一個一個來。假如一次處理一籮筐壓抑許久的難題，對方會覺得聽起來全是批評，反倒讓狀況更糟。最好一次一件，然後中間有些間隔。你要建立的是更良好的人際關係，而非一敗塗地。

通常一個問題的正面轉變會改變你的態度，原先認為惱人的事物或許會變得不再那麼令人討厭。

給自己一個優勢

如果你正在吸收新技能（好比更加堅定自信），可先跟朋友或愛人實驗看看，這樣就有機會在比工作時較無壓力的情況下練習。例如，若想試試看自己是否足夠堅定自信，可先宣布晚餐想去的餐廳，而非詢問他人想做什麼。這算是最基本的步驟。這不代表你不

能協商，而是將陳述自己的偏好作為表達過程之一。或是假設你認識某個跟你打算影響的人有同樣特質的人，也可以請他們幫忙，在他們身上試試看想說的話，觀察反應如何。

有時你可以跟那位問題人物坦白動機。好比如果同事希望你幫忙一部份的工作，但你的計劃是不打算再幫忙，就可以先預告未來如下：「我想提醒你，我之後不會再（填空）了。我相信你的能力可以做到。」若對方不情願，你可以說：「抱歉，但我決定了。」假設你的老闆忘記一開始該工作其實是分配給你的同事，你可以提醒他們，這樣他們就不會因為改變而感到驚訝。

要是你心軟想：「不然就再幫一次就好？」會發生什麼事呢？若你不夠堅持，他們就會認為：「如果我再多問幾次或待會再問，他就會幫忙了。」行為學家稱這為間歇性強化，實驗老鼠因為有時拿得到飼料，有時拿不到，反而會更快更努力地按按鈕。

如果你得到的回應是發脾氣？

並非所有人都對改變自己的要求給予正面回應。事實上，大多數人都不會有正面回饋。請給他們機會保住面子。我的意思是說，他們可能會反彈，但不要讓發脾氣的態度阻擋你。他們說的不代表做的，證據就在他們的行為之中，你甚至可能在稍後得到道歉，但不要因為這樣就放鬆戒備。同樣的，也不要在人家熱情地說「當然了！」，卻沒有實際改變的狀況下盲目相信。然而，當你看到修

正,也請務必給予認可及稱讚。如果你希望再接再厲,請讓他們知道你很開心,而不是給予「也差不多該改了啦」之類的機車回覆。

如果你遲遲沒有提出某個問題,對方可能會合理回應「那為什麼現在這會是問題?」或「你怎麼之前不告訴我?」。你也知道為什麼延遲,所以就大方坦承並道歉吧。你可以說「抱歉,我不知道怎麼說出口」、「抱歉沒能早點提出來,我不太好意思」、「我很後悔沒早點說,但是最近才覺得比較嚴重」、「抱歉現在才講,但它是隨時間經過愈來愈嚴重」,表明自己不完美不是壞事。沒能好好處理長期問題,代表你也是問題的一部分。你可再多說「我也做得不好,抱歉」來道歉,相信這對狀況有利。

你是否樂見這個人繼續變好?

就像之前提到的,如果你希望對方繼續改變,請對他們的努力給予認可及感謝。特別是若對方一直以來都不斷冒犯人,這會非常有用,而你的煩惱容易讓你忽略值得欣賞的部分。請多注意令人愉快的驚喜,否則就等於是在白費功夫,畢竟你疏忽了自己渴望的那些行為。請樂於給予稱讚,不要只是抱怨或批評。找出他們做的正確的事情,並告訴對方你有注意到。

如果你希望修復一段人際關係,找到稱讚對方的具體理由會是其中一種最好的方式。「真實」,即具體又包含細節的內容,對對方來說是有意義的。這代表最好不要只是說「做得好」,你可

以說：「多虧你在我們偏離軌道的時候把會議帶回議題上。超感謝。」

你不需要喜歡這個人就可注意到他做的好事。你若不喜歡他，就更要找到他做得好的事情並給予評價。否則，你可能會偏好尋找負面結果（看他們沒做的或你不喜歡的），強化貶低對方的觀點。

如果你從同事那裡收到冷嘲熱諷的回應怎麼辦？

如果你的團隊疲憊不堪，並試圖對想改善職場的人潑冷水，你可能會為自己積極踏出的腳步感到悲傷。但繼續前進就對了。你可以說「我想試試看這樣會不會有改變」或「我已經受夠只發牢騷而不實際做點什麼」或「憤世嫉俗只會讓人覺得沮喪」。當事情有所轉變時，你就會得到樂意幫助的同盟。

可以記下來嗎？

簡單來說可以。如果你試圖自己解決某個問題而徒勞無功，且情況持續重大，或許可將發生的事情、日期、參與人士、目擊者姓名等記錄下來。如果你有白紙黑字，而不是僅靠記憶的話，要提供給你的老闆、人力資源部門、工會等更方便。

但若將同事做的所有事情通通記錄下來，就可能有問題了。請別這樣做。如果你積極監視勁敵的違規行為，得小心自己才是那個真正難搞的人。

如果都沒效怎麼辦?

當你給予那位討厭鬼回饋或要求行為上的改變後卻沒有任何動靜時,很容易會感到灰心。或者你已經跟老闆談過,但也不知道他們有沒有行動,因為顯然尚未看到變化。然而,主管不能跟員工談論自己給予其他員工的績效回饋,所以你不太可能清楚進展。你可以試著再提過,但切忌每天(否則你就變成老闆下一個要處理的問題了)。

要注意到進步需花點時間,特別是所謂的習慣。你也可能看到對方表現時好時壞(今日完美,明日出槌)。若有任何進步的地方,最好都能給予稱讚。此外也請注意到,你可能得重複訊息,對方才能理解。你的目標是提醒對方,而非自己跑去當害蟲。

如果「成功」對你來說是行為改變加上一個道歉,這個標準可能太過嚴苛。請不要期待對方承認做錯或將這個當作你的目標。

要跟同事分享多少自己在做的事情取決於你。就個人來說,我會保留任何可能變成八卦或讓人覺得尷尬、可能被過度細看的事物。你可以自由地在工作之外與朋友和家人分享,這樣他們才能支持你的努力。

請對自己的行動感到知足,因為這是你能自己控制的。自信果斷的其中一個準則在於,它是根據你的行為而定,而非事情有沒有

照著你的意願走。同樣的，你也可能在完美地遵照這本書的建議做後，仍無法達到想要的結果。若你已經很堅定、建立界線、給予回饋、用了減少壓力的技巧，或改變自己的思想與行為，代表該做的都做了，你應該為此感到自豪！你的技能又增添豐富了不少。

如果沒有任何改變而覺得難過或生氣，你可以選擇自己的反應。你想要繼續生氣，還是就讓它過去？你願意花多少精力處理這件事情？你可以嘗試前面章節提過的注意力轉移策略，讓自己的情況變得較能容忍（好比改變對自己說的話，或在身處環境中找個顏色轉移注意力）。即使這個人的行為讓你有點吐血，也請找出他身上值得欣賞的地方。

假設情況變得難以維持，或許就時候離開了。如果你的公司夠大，或許可透過人資源部門協助，也可請就業諮詢幫忙，尋找下一份工作。

創造目的

我相信建立目標是好的。我每天都會寫下目標，並已持續超過十年。我藉由這樣的方式促使大腦專注，並注意到機會。我不會將目標侷限在待辦事項上，而是將品質跟態度也加進去。我會在開車的日子設立目標如「不管去哪裡都要保持安全跟準時」。我經常在黃燈時停下，並在車內大聲說出這句話，而不是直接在轉紅燈時衝過去，效果十分驚人。我也會向自己喊話希望在工作中呈現的樣

貌,例如:「今天,我要當客戶傑出的教練。」並將重點放在仔細聆聽、在提供建議前詢問相關問題上。寫下目標可以加強潛意識接收到的訊息,因為該訊息是透過手指、眼睛與默念傳遞。大聲說出來也有效,但規律的實踐比形式重要多了。

最後……

在職場待愈久,與別人工作時也愈豁達。我將這歸因於意識到他人的行為模式(討厭鬼類型),以及注意到他人的行為(通常)不是針對我個人。在我的職涯中,讓我感到困擾的清單一直都差不多。而我對自己針對某人能做與不能做的事也逐漸清晰。我對自己分內可積極改變的部分負責,並嘗試讓其他的放水流。然而也有不順利的時候,畢竟我也跟各位一樣,還在成長。

我們多半會在困難的人際關係中學習到最多有關自己的事情。你不需要一天到晚花時間在這上面,事實上,我反倒建議你經常享受休息時間,並與合得來的人相處。但也請別害怕與有較多問題的同事互動。

我真心希望你能克服因為老闆或同事問題而遇到的困難。請記住,你唯一能改變的人是自己,而你說的話與做的事也的的確確會影響到他人。如果夠知足,同樣也能影響他人抱持同樣的心態,促成雙贏的局面。我衷心期盼你在工作中更加快樂!

額外資源

以下是一些我喜愛、已發行一段時間的書籍，但內含的人際技巧絕不過時。

溝通技巧：

Patterson, Kerry, Jospeh Grenny, Ron McMillan, and Al Switzler. *Crucial Conversations: Tools for Talking When Stakes Are High.* 2nd ed. New York, NY: McGraw-Hill, 2011.

這本書的寫作風格讓你輕鬆了解裡面的概念、範例，並協助你更有成效地處理困難的對話，並給予關鍵回饋。作者也著有其他書籍，但我特別喜歡這本書。

自我覺察：

Goleman, Daniel. *Working with Emotional Intelligence.* New York, NY: Bantam Books, 2006.

Goleman, Daniel, Richard Boyatzis, and Annie McKee. *Primal Leadership: Unleashing the Power of Emotional Intelligence.* Boston, MA: Harvard Business School Press, 2013.

有許多書探討情緒商數（EI 或 EQ），但高曼（Goleman）是其中一個探討該主題的先驅。《Working with Emotional Intelligence.》適合所有人閱讀，不過內容偶爾會傾向讀者是有管理權限的人。

《Primal Leadership》則探討藉由情商來管理（不論職位，任何人都適用！）。附錄有精彩描述，提供情商類別的定義，以及每項的組成內容。

衝突管理：

Fisher, Roger, William Ury, and Bruce Patton. *Getting to Yes: Negotiating Agreement without Giving In.* 3rd ed. New York, NY: Penguin Publishing Group, 2011.

這本書讓我愛上哈佛談判專案。第一本書於1990年發行，但作者群仍持續修訂（費雪過世後派頓加入）。這是雙贏談判的藍圖，且已被應用在國際衝突狀況與日常生活中。作者群在修訂版本中提供傑出的案例，說明如何在面對表現糟糕的人時，也能堅持原則。這個出版集團的書我幾乎沒有不推薦的。

Stone, Douglas, Sheila Heen, and Bruce Patton. *Difficult Conversations: How to Discuss What Matters Most.* New York, NY: Penguin Books, 2010.

這本書充滿處理衝突的範例與實際方法。他們的方法很適合喜

歡更具分析性策略的人。

職場文化：

Coyle, Daniel. *The Culture Code: The Secrets of Highly Successful Groups.* New York, NY: Bantam Books, 2018.

我愛這本書！它探討如何建構好的文化，以及過程的實踐方法。作者從許多產業中汲取他的案例（包括讓我即興的靈魂興奮不已的即興劇團「Upright Citizens Brigade」）。

我認為他提到所有正常運作文化下的重點，並同時介紹相對有毒的樣貌。我特別喜愛他「建立安全（Building Safety）」的那個章節。

職場世代

「世代」是一種有趣的概念，因為按照年齡區分團體其實是由瞄準特定受眾的行銷人員所推動。你會發現各方承認的世代開始／結束日期也不盡相同。而目前在職場上的世代主要為傳統主義者（大部分已退休）、嬰兒潮（多已退休）、X世代、Y世代、Z世代等。

建議你做一個近期YouTube影片的研究，並觀看無數影片。不同世代的描述根據提供資訊的人的年齡會有些許不同。他們通常會專注在是否慣用科技與溝通方法的差別（這非常有幫助）。我們一般認知的世代差異，是每個「世代群體」（年齡相似、橫跨約十五

到二十年的群體）會因為成長的背景、當時的育兒方式以及青年時期發生的重要事件而有所不同。根據這些資訊，我們能夠得出有關共通價值觀、視角以及生活和工作風格的概況。當然，你成長的地方也有影響。

儘管針對某個世代的概括推論或許有用，但請記得，並非所有人都會符合所謂的刻板印象。不管你認為自己對這個人的世代有多了解，最好能以個人為出發點去對待對方。

尋找諮詢資源：

可先從雇主提供的部分開始。如果你的公司夠大，或許就有免費的員工協助方案（EAP）。這類服務通常是外包，代表可確保匿名性，畢竟顧問不是公司的員工。通常來說，它會提供一定次數的免費諮詢，也可提供你其他資源。

請確認保險包含的項目，並檢視你的福利。他們或許有依據你的方案列出所在區域內適用該保險的顧問。

確認社區資源。大多數（甚至較小的）社區都有免費或浮動計價的諮詢選項。你可能得用「諮商」、「心理健康」或「治療」等來搜尋。有些地方也提供線上服務。

如何執行以行為為基礎的面試：

理查德・迪姆斯（Richard Deems）所著《*More Than a Gut Feeling*》

是在探討這個主題時第一個要提到的。如果想找更近代一點的素材，可搜尋「以行為為基礎的面試」或「以能力為基礎的面試」。你會找到行為學面試的影片，但多數都在探討如何回答問題，而非要問什麼問題。確保自己徹底搜尋一番，以找到想要的。

如果你有騷擾、偏見或歧視等擔憂，可聯絡誰：

最好從人力資源部門或工會開始（除非他們才是問題本身，或是你不相信他們）。

如果有法律部門可以回應員工的投訴，請跟他們聯絡。假如有申訴辦公室，也請與他們聯繫（大部分大專院校與一些其他企業都有）。

就業律師也可回答職場歧視等問題。請確保你清楚他們建議與服務的收費。

感謝詞

雖然這是老生常談了，但每本書都是在眾多人的幫助下才得以誕生。

非常感謝那些我有榮幸與之共事、信任我並分享故事的人。你們啟發了這本書。

能夠參與克拉克默斯社區大學（Clackamas Community College）的蝶蛹女性寫作（Chrysalis Women's Writers）真是天上掉下來的幸運！非常感謝各位的批評與指教，以及你們對我與《職場討厭鬼》持續的信心。我之所以能成為更好的作家，都是因為有你們在身邊的緣故。

也非常感謝試讀整本書或部分的讀者！非常感謝您騰出時間並給予回饋。同時感謝 Putnam Barber、Susan Christofferson、Michele Coyle、Carrie Danielson、Anne Dwire、Barbara Froman、Denise Frost、Sue Hennessy、Mitch Hunter、Dave Hurley、Jim Jorgenson、Connie Leonard、Pat Lichen、Terry Liddell、Gordy Linse、Val Lynch、Kerry McMillen、Christy Miller、Laurie Miyauchi、Lisa Nowak、Shawn O'Day、Anne Reid、Lee Strucker、Debbie Ward 與 Kati Weiler 等人。

謝謝我的編輯芭芭拉・繆維・蕾托（Barbara Mulvey Little），感

謝妳熟練地協助我的寫作過程,並對其價值堅信不移。

感謝邦妮・帕塞克(Bonnie Pasek),從我2013年剛起步時就在我身邊,也謝謝妳在我重新出發時給予鼓勵。妳幫我設計的網站實在太棒了,謝謝!

我也相信,除了She Writes Press的員工,我不會再遇到更棒的人了。非常感謝布魯克・華納(Brooke Warner)、香農・格林(Shannon Green),以及辛苦的其他製作團隊成員。非常感激各位在過程中的協助,如此精明又有耐心。也是女性作家非常美好的提倡者。

感謝藍色小屋機構(Blue Cottage Agency)的克里斯塔・蘇庫普(Krista Soukup),妳是我行銷與宣傳的最佳夥伴。妳既溫暖又專業,對這本書與我充滿熱情。非常感謝妳。這個世界把妳介紹給我真是太完美了!

還有聆聽這段冒險的次數多過他們期望的好友們,你們的支持是我最大的動力。你知道我在說你!

感謝西林公共圖書館(West Linn Public Library),這本書的後半部幾乎都是在這裡完成,非常謝謝你們創造了這麼美好的空間。

最後,感謝我的貓咪寫作夥伴——薩米與戴維。感謝你們在鍵盤上走動、在螢幕上磨蹭,讓我知道該起床跟「服侍」了。你們讓一切變得不無聊。

優講堂 64

擊退職場討厭鬼的高情商攻略：
當個情緒穩定的工作者，遠離職場內耗日常

作　　者 ── 露易絲・卡納珊 Louise Carnachan
譯　　者 ── 陳慧瑜
校　　訂 ── 朱晏瑭
副 主 編 ── 朱晏瑭
責任企劃 ── 蔡雨庭
封面設計 ── 初雨工作室
內文設計 ── 林曉涵

總 編 輯 ── 梁芳春
董 事 長 ── 趙政岷
出 版 者 ── 時報文化出版企業股份有限公司
　　　　　　108019 臺北市和平西路 3 段 240 號
　　　　　　發 行 專 線 ─ (02)23066842
　　　　　　讀者服務專線 ─ 0800-231705、(02)2304-7103
　　　　　　讀者服務傳真 ─ (02)2304-6858
　　　　　　郵　　　　撥 ─ 19344724 時報文化出版公司
　　　　　　信　　　　箱 ─ 10899 臺北華江橋郵局第 99 信箱
時 報 悅 讀 網 ── www.readingtimes.com.tw
電子郵件信箱 ── yoho@readingtimes.com.tw
法律顧問 ── 理律法律事務所 陳長文律師、李念祖律師
印　　刷 ── 勁達印刷有限公司
初版 一刷 ── 2025 年 3 月 21 日

定　　價 ── 新臺幣 480 元
（缺頁或破損的書，請寄回更換）

WORK JERKS: HOW TO COPE WITH DIFFICULT BOSSES AND COLLEAGUES
By LOUISE CARNACHAN
Copyright © 2022 by LOUISE CARNACHAN
This edition arranged with SparkPoint Studio LLC c/o The Unter Agency LLC
Through BIG APPLE AGENCY, INC., LABUAN, MALAYSIA.
Traditional Chinese edition copyright:
2025 China Times Publishing Company
All rights reserved.

時報文化出版公司成立於 1975 年，並於 1999 年股票上櫃公開
發行，於 2008 年脫離中時集團非屬旺中，以「尊重智慧與創
意的文化事業」為信念。

ISBN 978-626-419-281-1　　　　　　Printed in Taiwan

擊退職場討厭鬼的高情商攻略：當個情緒穩定的工作
者,遠離職場內耗日常/露易絲.卡納珊作;陳慧瑜譯.
-- 初版. -- 臺北市 : 時報文化出版企業股份有限公司,
2025.03
　面；　公分
譯自 : Work jerks : how to cope with difficult bosses and
colleagues.
　ISBN 978-626-419-281-1(平裝)

1.CST: 職場成功法 2.CST: 工作心理學

494.35　　　　　　　　　　　　　　　　114001971